U0258952

铜文化书系

编　委　会

铜与古代科技

Copper and Ancient Technology

主编　李　亮　关晓武

中国科学技术大学出版社

内 容 简 介

本书结合古代科学技术发展的历史，从铜的基本物理和化学特性，铜开启的金属时代，铜的开采、冶炼和铸造，铜的合金技术，铜料的来源，铜在古代科技中的应用等方面，来揭秘铜这种古老元素，使读者更好地了解古人认识、生产和使用铜的历史。本书力求在知识性、趣味性上有所突破，尽可能地利用各类文物、考古、历史文献等资料，通过图文并茂的方式，从不同维度来揭示铜的科学与技术，以满足不同读者的差异化需求。

图书在版编目(CIP)数据

铜与古代科技/李亮，关晓武主编.—合肥：中国科学技术大学出版社，2018.4(2018.10重印)
(铜文化书系)
ISBN 978-7-312-04447-2

Ⅰ.铜…　Ⅱ.①李…　②关…　Ⅲ.铜—自然科学史　Ⅳ.O614.121-09

中国版本图书馆CIP数据核字(2018)第053168号

出版　中国科学技术大学出版社
安徽省合肥市金寨路96号，230026
http://press.ustc.edu.cn
https://zgkxjsdxcbs.tmall.com
印刷　鹤山雅图仕印刷有限公司
发行　中国科学技术大学出版社
经销　全国新华书店
开本　710 mm×1000 mm　1/16
印张　14
字数　243千
版次　2018年4月第1版
印次　2018年10月第2次印刷
定价　68.00元

总　　序

倪玉平

一

铜是一部活生生的史书。

人类文明由铜开始铸就。在人类历史发展进程中，铜是金属家族里伟大的先行者和开拓者。

铜为人类早期使用的金属之一。铜器的出现，成为人类进入文明社会的三大标志之一。无论是两河流域的苏美尔人，还是尼罗河岸的古埃及人，都与铜结下不解之缘；无论是希腊的迈锡尼文明，还是中西欧的钟杯战斧文化，都有铜刻下的深深烙印。

世界各大文明都先后经历过青铜时代，但只有中华文明创造出青铜时代的别样辉煌，使人类青铜文化臻于鼎盛。中国古代青铜器自诞生之初，就被赋予很多特殊内涵，远远超出其一般的实用功能，而与当时的政治、经济、文化以及人们的思想与信仰等紧密联系在一起。夏、商、周三代，青铜器既是祭祀、礼乐、战争等文化的物质载体，又是宗法制度、礼器制度、等级制度的外在化身，甚至成为国家、权力、地位和财富的象征。多变的造型、精美的工艺、奇异的纹饰、典雅的铭文，让古代青铜器散发出穿越时代的独特美学气质和文化气息，令人叹为观止。青铜时代夯实了中华文明的根基，对中华文明的发展和演进产生了非常深远的影响。与之相关的历史典故和传说，色彩斑斓，绚丽灿烂，如大禹铸鼎、问鼎中原、一言九鼎、干将莫邪等，不仅丰富了青铜文化的精神内涵，而且成为中华民族精神风貌的一种表征。

春秋战国以降，青铜器承载的礼制与政治功能逐步式微，铜生产开始走向世俗化。秦汉之际，一千五百多年的中国青铜时代宣告谢幕。虽然如此，铜的光彩并没有被湮没，铜器制作并没有衰退，铜的生产对象加快转变，实用功能特别是经济功能日益放大。秦汉之后，铜的主要用途之一是铸造货币，如秦代的半两、两汉的五铢、唐至明清的通宝等，铜作为货币材料的历史超过两千年。帝国时代，铜器皿成为中国钱币文化、商业文化、宗教文化、科技文化与生活文化的物质载体，铜文化的面貌全面更新。

“铜之为物至精”，堪称一种神奇的金属。它有良好的延展性能，有高效的导热导电性能，有易成型、耐腐蚀、与其他金属相融性强等特点。因此，在工业化时代，铜是不可或缺的重要生产资料。随着人类科学技术水平的发展，铜也成为高科技应用领域的首选材料之一，在信息化时代的应用前景非常广阔，铜的未来必将焕发新的光彩，书写新的辉煌。

二

铜陵是铜所成就的一座城市。

回望历史，细梳脉络，可以发现，铜陵在华夏青铜文明衍生之际就占有一席之地，在推动历史发展进程中一直发挥着独特作用，堪称中华青铜文明的一处源头和中国历史发展的一面镜子。

铜陵在中国冶金史和先秦文明发展史上的位置不可替代，与古今中外其他任何产铜地区相比，更有其不可比拟的独特性。

其一，历史悠久，绵延不断。师姑墩遗址考古证明，早在商周之前，铜陵地区就已经开始了青铜采冶铸造活动。此后，经春秋、战国、秦汉、唐宋、明清，一直延续到当代，三千多年几无间断。世界上产铜最早的地方或许有待考证，但论及产铜持续时间之长、历史跨度之大，铜陵首屈一指，独领风骚。

其二，规模巨大，举足轻重。自商周起，铜陵一直是国家铜资源的战略要地和重要的产地之一，为中国青铜文化的繁荣与发达提供了源源不断的原料支撑。西周时期太伯封吴、春秋之季吴楚争霸等一幕幕历史大剧，都隐隐约约与古铜陵地区有着千丝万缕的联系。在矿冶专家眼中有“世界冶炼史上的奇观”之称的罗家村大炼渣，是汉唐时期铜陵冶炼规模盛大的历史见证。1991年，著名矿冶考古专家华觉明先生评价：“铜陵从商周到唐宋一直是我国采铜冶铜的中心，铜陵在古代所处的地位，就像今天的宝钢、鞍钢一样，举足轻重。”

其三，技术先进，质量一流。考古发掘和大量出土的青铜器证明，古代铜陵地区不仅掌握了先进的铜冶炼技术，而且拥有高超的铸造技艺。“木鱼山冰铜锭”是迄今中国最早的硫化铜冶炼遗物，它的发现，把中国冶炼硫化铜矿的历史推前了一千多年。“青铜绳耳甗”“饕餮纹爵”“饕餮纹斝”等青铜器的面世，见证了失蜡法铸造工艺的“铜陵存在”。与冶炼技术相关联，铜陵所产久负盛名，自古有“丹阳出善铜”之说，这无疑是铜陵地区最早的口口相传的产品质量广告。

其四，铜官流韵，积淀深厚。为维护中央集权，汉武帝推行“盐铁官营”“货币官铸”等一系列政策。在此背景下，“盐官”“铁官”“铜官”等国家管理机构应运而生。盐官、铁官设于多处，唯有铜官设于铜陵，全国独一无二。显而易见，铜官地位更为特殊。铜官的设立，是古代铜的经济功能迅速放大的一个重要分界节点，对汉代之后的政治、经济和社会发展产生了重要影响。铜官在铜陵设置，使得古铜陵地区与整个国家经济命脉直接产生联系，因而也是铜陵历史发展进程中的一个重要分界节点。此后，历代王朝大多在此地设置中央直属机构，只是管理内容或有变化，南北朝后增加了铸币功能，其中著名的“梅根冶”，自南朝宋开始定名，一直沿用至明清时期。唐代在铜陵先置铜官镇，后设义安县，铜陵及周边地区有“梅根监”“宛陵监”和“铜官冶”三个铸币机构，唐玄宗甚至诏封铜陵的铜官山为“利国山”，史所罕见。铜官迭代更新，人文荟萃，大大丰富了铜陵铜文化的底蕴与内涵。

新中国成立后，铜陵满怀豪情重整矿业。六十多年来，创造了新中国铜工业的多项第一：自行设计建设了第一座机械化露天铜矿，第一次掌握了氧化矿处理技术，建成了第一个现代冶炼工厂，炼出第一炉铜水、产出第一块铜锭，诞生出中国铜业第一个上市公司，电解铜产量连续多年保持全国第一……与此同时，为国家有色金属产地培养输送了大批技术人才与熟练工人，成为共和国的铜业摇篮。如今，铜陵年产电解铜超过百万吨，稳居世界前列；铜加工材年产量超过电解铜，铜陵铜业加工迈入新时代。2016年，国际铜加工协会总裁马克·拉维特评价铜陵："中国铜产业链条最长，产品品种最全，技术水平最高。"而今，在实现中国梦的伟大征途中，铜陵正按照"抓住铜、延伸铜、不唯铜、超越铜"的思路，朝着建设"世界铜都"的目标奋勇进发。

三

文化是城市的灵魂，也是推动城市发展的重要资源。铜陵三千年炉火，熔炼的是铜矿，最终也锻造出这座城市的文化精魂，"古朴厚重，熔旧铸新，自强不息，敢为人先"，正是其精神内涵的表达。铜矿等物质资源固然是铜陵极为宝贵的发展资源，但几千年积淀形成的铜文化资源，无疑是铜陵蕴藏更丰厚、价值更宝贵的资源，取之不尽、用之不竭，对铜陵今后的转型发展更具有重大而深远的意义。

改革开放以来，特别是近些年来，铜陵把铜文化的研究、保护、开发和利用摆上重要日程。先后规划建设了数十项铜文化项目，包括修建铜文化古遗址，打造铜文化博物馆，建设铜文化雕塑，发掘运用铜文化元素，发展铜文化相关产业。这些努力，有效地塑造了城市特色，提升了城市品位，也显著增强了城市文化凝聚力和文化自信。

建设"世界铜都"是铜陵发展的一大定位。实现这一愿景，不仅需要推动铜及其关联产业实现大发展，而且需要铜文化建设取得大突破。从文化传承的角度看，发掘铜文化精华、弘扬铜文化精神，是弘扬中华优秀传统文化的题中应有之义。铜文化虽不专属于铜陵，但是作为“中国古铜都，当代铜基地”，推动铜文化实现“创造性转化、创新性发展”，铜陵既有责任、有义务，更应有担当、有作为。

四

基于以上动因，2016年铜陵市人民政府经过研究，决定组织编撰“铜文化书系”。我们邀请国内相关专家，围绕铜是什么、青铜时代的内涵、铜陵在中国铜文化中的历史定位、青铜器鉴赏与铜文化故事等五个专题，进行深入研究，期望作出比较系统完备的概括和论述，进而更好地促进铜陵地域特色文化加速开发、利用、成型。

该项工作启动以来，我们本着认真负责的精神，在专家遴选、进度安排、选题论证等方面精心组织。参与编撰的专家团队本着治学严谨的精神，在内容筛选、谋篇布局、学术论证、叙述风格上一丝不苟，反复推敲，精益求精。经过一年多的努力，终于完成编撰工作并付梓。在已经成文的书系作品当中，《铜与古代科技》以科学的视角，多侧面讲述铜的物理属性、化学属性以及铜与其他金属、学科之间的关系，力求整体、全面、系统地展示铜的风采。《青铜器与中国青铜时代》以通俗的语言，全景式讲述中国古代青铜器从史前“初步使用”发展到“寓礼于器”及再回归世俗的历史进程，以青铜时代的重要事件如王国崛起、族本结构、社会秩序、经典铜器等论述“道与器”“器与礼”的关系。《从铜官到铜陵：铜陵与中国大历史》以铜官设置为主线，考证铜官与国家经济的关系，铜官的来由、职能和发展过程，论述铜陵与铜官、铜与江南经济崛起的密切关系。《图说中华铜文化》将仰韶中期到当代的跨度分为八个历史时段，讲述各时期铜器的特点、制造工艺和鉴赏方法，全面、多元地反映中华铜文化的丰富内涵。《铜文化故事》汇集历史上一个个跟铜相关的经典故事，让人在轻松阅读中形象、直观地感受铜文化的魅力。总体上看，本书系比较全面地反映了铜文化概貌。

作为国内第一套全面介绍铜文化的普及性读物，我们衷心期望本书系能够有助于广大读者了解铜陵、走进铜陵，感受铜文化魅力，拓展文化视野，增强文化自觉与文化自信。对广大文化工作者（包括城市规划设计工作者）而言，则期望其能够从中有所启发，有所感悟，有所借鉴。同时，也希望相关领域的专业工作者，在现有研究的基础上，有新的拓展、新的创见，把铜文化研究进一步推向深入。

前　言

铜是人类最早认识和接触的金属元素，在人类历史发展的长河中，人们不断探索和利用这种神奇的元素，许多重大发明和创新都与之息息相关。青铜器的发明与使用，使得铜成为了古代文明的重要载体，充分展现了先民的高度智慧。直到近现代，铜依然是许多技术密集型产业的重要原料。如今，我们对铜又有多少了解？古人又是如何逐步来认识和利用铜的？

目前已经有不少涉及铜主题的图书，其中大多与铜文化相关，涉及铜冶金和技术的图书亦有不少，但基本都是偏专业性的著作。

本书希望通过揭秘铜这种古老元素，使得读者更好地了解古人认识、生产和使用铜的历史。作为一种尝试，本书力求在知识性、趣味性上有所突破，尽可能地利用各类文物、考古、历史文献等资料，通过图文并茂的方式，从不同维度来揭示铜的历史，以满足不同读者的差异化需求。

全书共分为八章。第一章介绍铜的基本物理和化学特征，铜资源的分布以及与铜相关的锡、锌、铅、砷等元素。

铜金属的制作是人类从蒙昧步入文明的标志之一，然而冶铜术的起源离不开它赖以发生的文化背景和技术条件。所以第二章介绍了铜的冶炼、铸造等生产工艺是如何经过漫长的历史时期逐步积累而成的，以及中国古代的铜业经历了怎样的发展，青铜技艺又取得了怎样的成就。

铜矿种类众多，古人对矿物的认识经历了一个长期的过程。第三章介绍了铜矿石的种类以及古人寻矿的方法。另外，还从采掘工具、井巷开拓、矿石提运、通风排水等方面介绍了古代铜矿的勘探和开采方法。

中国古代冶铜技术有火法冶炼和湿法冶炼两种类型，前者是利用铜与矿脉石的高温物理化学性能不同而使之相互分离，后者是利用铜与脉石的溶解度不同而使之相互分离。第四章通过中国古代的炼铜技术文献和考古资料介绍古代不同铜矿石的冶炼方法、炼铜设备等以及古人对合金比例“六齐”的经验性总结和对青铜合金的认识。

铜器与骨、石、蚌器等的制作不同，除了少数器物可用自然铜冷锻锤击成形外，大多必须用模具制成铸型，然后浇铸成形，所以铜器的制作是一个极为复杂的过程。第五章在介绍商周、春秋战国及秦汉铸铜遗址的基础上，讲述了古代范铸技术和失蜡法等青铜铸造方法。

古代的铜合金除了青铜，还有黄铜、砷铜、镍白铜等。最初的黄铜和砷铜合金的冶炼方法较为原始，是冶金技术初级阶段的产物。明代成功实现冶锌后，黄铜开始由单质铜、锌配制。镍白铜则到清代才大量生产。第六章通过阐述黄铜、砷铜、镍白铜发展的历史，介绍了中国古代铜合金技术发展的脉络。

随着现代科技的发展，考古学不再局限于传统的田野调查，新的分析手段不断被用于研究青铜器物，例如可以利用铅同位素比值分析古代青铜文物的产地。第七章介绍了铜矿源的元素示踪技术以及如何以此探究古代铜料的产地之谜。

除了铜自身的开采、冶炼和铸造等技术外，中国古代的一些其他科学技术也离不开铜的使用，不少科学器具或技术的实现都需要以铜作为载体。如作为国之重器的天文仪器、灿烂辉煌的印刷术、千古留韵的青铜编钟等都需要铜。可以说，中国古代科技文明在很多方面都依赖于铜的运用。第八章将从天文、印刷和钟乐几个方面阐述铜与古代科技。

在本书撰写过程中，中国社会科学院考古研究所王巍研究员、中国国家博物馆孔祥星研究员、中国科学院自然科学史研究所苏荣誉研究员、安徽省社会科学院陆勤毅研究员等专家为本书提供了诸多宝贵的建议，在此一并表示感谢。

本书涉及铜历史的多个方面，由于作者在某些领域的积累有限，书中的错漏之处在所难免，恳请广大读者和方家批评指正。

编者

2017年11月6日

目　　录

第一章

神秘的29号元素

铜是人类最早接触和使用的金属元素之一，在长期使用铜的过程中，人类不断摸索和实践，逐渐了解其特性。《汉书·律历志》就有记载：“铜为物之至精，不为燥湿寒暑变其节，不为风雨暴露改其形。”你对铜又有多少了解呢？就让我们一同开始探索铜这种神秘元素吧。

一、铜的特性

如果提到铜，你会联想到什么？可能有人第一反应是铜丝电线，或者是传统的铜火锅。由于职业的缘故，对于我来说，最先想到的是古代的天文仪器以及丹麦著名天文学家第谷（Tycho Brahe，1546～1601年）的铜鼻子。

第谷最显著的标签，一是他有开普勒（Johannes Kepler，1571～1630年）这个得力助手，另一个就是他的假鼻子。1565年秋，第谷转学到罗斯托克大学，同另一名丹麦贵族学生发生了争执。双方都仗着自己是名门望族，互不相让。两位贵族子弟一个虎视眈眈、一个咄咄逼人，愈吵愈烈，闹得不可开交。1566年12月29日夜里，两人最终决定以斗剑的方式来一决高下，也就是在这次争斗中，第谷被砍掉了鼻子。为掩盖脸部的缺陷，第谷自己设计铸造了一只金属鼻子，据说这只鼻子造型逼真，制作精巧，工艺高超，能够以假乱真。图1.1为带着假鼻子的第谷像。

第谷死后的几个世纪，人们一直想揭开第谷假鼻子所用材料的秘密。1901年6月24日，也就是第谷去世的300年后，位于布拉格老城广场泰因大教堂中的第谷墓穴终于被打开了。让考古学家惊讶的是，这只鼻子已经被氧化成绿色，也就是说第谷佩戴的不是传说中的“土豪金”鼻子，而是铜鼻子。

第谷为什么要选用一只铜鼻子？这可能与铜元素独特的物理和化学特性有关。除了在物理上容易铸造和锻造以外，铜还有独特的化学特性，那就是杀菌。例如，我们能经常喝到红酒，就多亏了铜的功劳。1878年，法国波尔多地区各庄园的葡萄遭受了名为“霉叶病”的植物病害，葡萄园中枝叶凋零，葡萄酒产量急剧下降，人们尝试了很多种杀菌剂都失败了，一时间大家无计可施。一直到1882年，一位叫米亚尔代（Pierre-Marie-Alexis Millardet，1838～1902年）的植物学家，发明了一种名为波尔多液的有效杀菌剂，才拯救了波尔多的葡萄园。

图1.1 带着假鼻子的第谷像

（源自*Epistolae astronomicae* 1596年拉丁文版本）

这种杀菌液的化学原理是熟石灰与硫酸铜起化学反应，生成具有很强的杀菌能力的碱式硫酸铜。植物在新陈代谢中会分泌出酸性液体，加上细菌入侵植物细胞时分泌的酸性物质，使波尔多液中的碱式硫酸铜变成了可溶的硫酸铜，从而产生少量铜离子（Cu^{2+}），铜离子进入细菌后，可使细菌中的蛋白质凝固。同时铜离子还能破坏细菌中的某种酶，使细菌体中代谢无法正常进行。在这两种作用的影响下，最终杀死细菌。

据统计，每年欧盟大约有四百万人因接触医疗器械而发生细菌感染，并导致约四万人死亡。在实验室和临床进行的大量测试表明，抗菌铜可以减少细菌，并能杀死引起这些感染的致病微生物。实验数据显示，由抗菌铜制成的接触表面能有效地控制感染，将患者在医院的感染风险降低58%。

事实上，现代科学研究发现，除了杀菌，铜作为一种身体必需的微量元素，还可以促进骨骼的生长，血管再生，有伤口的皮肤如果有铜存在，皮肤会很快愈合。人体内缺乏铜，将使脑细胞中的色素氧化酶减少，活力下降，导致记忆衰退、反应迟钝甚至运动失常等。此外，铜对我们的心脏也非常重要，缺乏铜可能会引发多种常见的冠心病，比如说冠状动脉硬化、冠状血栓、冠状坏死、冠状血管瘤等。

另据世界卫生组织公布，铜虽然自身具有一定毒性，但即使在发达地区，如美国和西欧，铜缺乏带来的风险也高于其带来的毒害。铜缺乏可能导致健康问题，如贫血、心脏循环问题、骨骼异常，还会产生神经、免疫系统、甲状腺、胰腺和肾脏功能的并发症。根据世界卫生组织公布的营养指南，成人在每日饮食中需要摄入1～2毫克的铜，黑巧克力、绿叶蔬菜、豆类、坚果、动物器官和贝类等都富含铜。此外，不仅人体需要铜，而且如果土壤中含铜量不足，也无法维持长期耕作。世界上最重要的两种农作物——水稻和小麦，在缺乏铜的土壤中，产量都会大幅下降。仅在欧洲，就有1800万公顷的耕地（相当于19%的耕地）缺乏铜，需要为其添加富铜肥料或硫酸铜来补充土壤中的铜元素。

铜在人们生活中无处不在，早在10000多年以前，人类就已经认识了铜，开始利用铜制作各种装饰品。7000多年前，铜制工具逐渐出现，大大地推动了人类文明的发展。由于铜具有良好的延展性以及高效的导热和导电性能，且易成型、耐腐蚀，因此，至今仍是工业和高科技应用领域的极重要的材料。

铜线和铜管道是家用电器、供暖、制冷系统以及通信网络的重要组成部分。铜也是电机、散热器、轴承等重要组件中的必备材料。一辆汽车平均含有1.5千米的铜线，小型汽车到大型汽车耗铜量就从20～50千克不等。铜转子可以大幅提高电动机的效率，是构建未来能源系统的重要材料。铜在太阳能、风能、水电、生物质能和地热等可再生能源系统中起着重要的作用。风力涡轮机、太阳能电池板、混合动力车辆等技术都需要大量的铜来产生和传输可再生能源。例如，单个3兆瓦风力涡轮机就需要超过4吨的铜。

此外，半导体制造商在硅芯片中也普遍使用铜电路，这使得微处理器能够更快地运行，并且减少能耗。我们常用的手机中虽然只含有十几克铜，但它却是各种芯片、集成电路以及电池的关键材料。可以说，如果没有铜，人们的生活一定会凝滞难行。

二、铜的符号

铜（copper）在元素家族中排行第29位（即原子序数），元素符号是Cu，源自拉丁文Cuprum（图1.2）。铜位于元素周期表第ⅠB族，属于同一族的还有金和银，它们的共同特点是延展性好、导电性高。纯净的铜为红橙色，并带有金属光泽，它也是仅有的四种天然色泽不是灰色或银色的金属元素之一，另外三种是金、铯（黄色）和锇（蓝色）。这样与众不同的外表，也增添了它的神秘性。在现代化学出现之前，铜在炼金术中就被广泛使用，并且已经有了自己独特的符号。

图1.2　铜的元素符号与原子结构图

在古代西方炼金术中，人们用“♀”作为铜的符号，瑞典法伦市（Falun Municipality）的传统徽章上有三个“♀”符号，就是因为该地铜矿较多，最初以铜而闻名（图1.3）。古代星占和天文中，“♀”也是表示金星的符号。因为早期人类只认识地球上存在的七种金属：金、银、铜、铁、锡、铅、汞。中世纪的炼金术士就将这七种金属与天上的太阳、月亮、金星、火星、木星、土星、水星七个天体对应起来，与铜对应的就是金星。

“♀”符号最早出现在古埃及的象形文字中，与埃及护身符安卡极为相似，意为生命的象征，也是王权的标志（图1.4）。“♀”同时表示铜和金星，有可能与希腊时期的重要铜产地塞浦路斯（希腊语意为“产铜之岛”）有关。在古代塞浦路斯和小亚细亚地区的硬币上经常出现类似安卡的图形。特别是在萨拉米斯国王欧伦特（Euelthon of Salamis）时期的硬币上，在安卡图形“♀”的圆圈中还刻有表示塞浦路斯的音节“ku”的字母。塞浦路斯也被认为是代表金星的爱与美之女神维纳斯（Venus）的故乡。一个盛产铜的小岛，就这样在不经意间将金属铜、金星和安卡符号联系在了一起。

图1.3　瑞典法伦市的徽章

图1.4　古埃及壁画中手持安卡的法老

欧洲炼金术著作中经常可以找到大量“♀”符号，如17世纪德国的《炼金术文库》（*Musaeum Hermeticum*）一书中就有与此相关的版画，如图1.5所示。该版画图的中央有一张人脸，代表着炼金术士。人脸上画有倒立的三角符号，三角符号的三个角上分别代表“炼金术三要素”的符号，即左边为硫，右边为汞，下边为盐。图的大圆圈外面也有三个三角符号，分别描绘的是身、心、灵以及月亮、地球、太阳之间的关联。大圆圈里面有一个七芒星符号，七芒星的每一芒都画有两种符号，即七个天体和七种金属，在标有数字“5”的位置，就有一个“♀”符号。另外，在大圆圈上书写有一些拉丁文，意为“探访地底深处，通过提炼，你就能找到那块隐匿的石头”，这里的石头指的就是哲人之石。如果将这句话中每个单词首字母合在一起，就成了“Vitriol”，意为神秘之火。

图1.5　炼金术著作中的符号

（源自*Musaeum Hermeticum* 1678年拉丁文版本）

除了“♀”符号，铜在炼金术中还有多个其他符号，图1.6中就是另一种在炼金术中较为常用的铜符号。

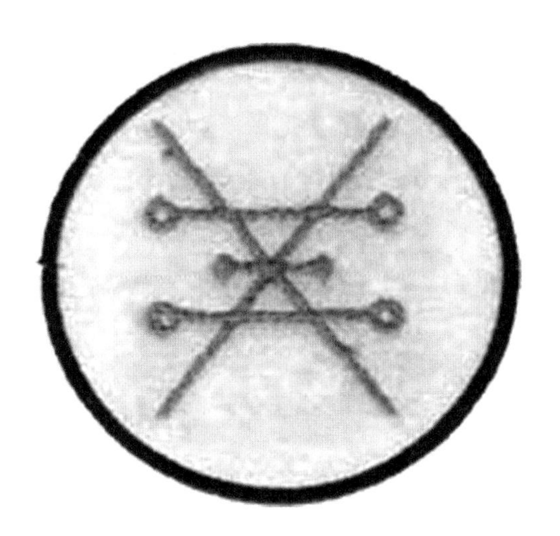

图1.6　铜在炼金术中的另一种符号

三、铜矿资源及储量

据美国地质调查局估计，截至2008年已探明的世界陆地铜资源约为30亿吨，海洋铜资源约为7亿吨，主要分布在太平洋区域。世界铜资源总量很丰富，尽管每年都被大量开采，但随着资源勘查力度的加大，新的铜资源也在不断被发现，使得铜的储量得以补充，开采具有良好的延续性。不过，世界铜矿资源分布非常不均衡，主要蕴藏在五大地区。其中，铜资源最丰富的地区是南美洲秘鲁和智利境内的安第斯山脉西麓。尤其是智利，一直是铜储量最大的国家，其铜储量约占世界总储量的三分之一，它也是世界上最大的铜出口国。此外，美国西部、非洲的赞比亚和刚果金、哈萨克斯坦以及加拿大的东部和中部也是铜资源丰富的地区。按国别来说，全球铜储量主要集中在智利、澳大利亚、秘鲁、墨西哥、美国、中国、俄罗斯、印度尼西亚、波兰、刚果（金）、赞比亚和加拿大等国家，这些国家的储量占到世界总储量的86%。

虽然人类使用铜已经有近一万年的历史，但95%的铜却是在1900年之后开采的，超过一半的铜则是在近三十年开采的。即便在铜资源较为丰富的地区，以现在的技术水平和成本要求，目前储量中也只有很小一部分具有开采价值。

铜矿类型繁多，在全世界各地铜矿床中，由火成岩侵入而产生的斑岩铜矿床约占世界铜储量的三分之二，这是世界上最重要的铜矿类型，主要分布于北美和南美西部的山区。另一类重要铜矿床是沉积岩，约占世界铜储量的四分之一，主要分布于中亚、非洲和东欧等地区。这两种矿床类型提供的铜占到世界铜供应量的80%左右，每年提供铜1200多万吨。

目前，我国共探明铜矿1500多处，比较著名的大型铜矿有江西德兴铜矿、西藏玉龙铜矿、驱龙铜矿以及云南普朗铜矿。全国累计查明铜资源储量有7000多万吨，主要分布在西南三江地区、长江中下游、东南沿海、秦祁昆成矿带以及辽吉黑东部、西藏冈底斯成矿带等区域。其中，江西、云南、湖北、西藏、甘肃、安徽、山西、内蒙古、黑龙江的储量约占到全国已探明总储量的八成。在我国，中小型铜矿占多数，大型铜矿较少，储量大于50万吨的铜矿仅占2.7%，储量在10万至50万吨的中型矿床占8.9%，其余都是小于10万吨的小型矿床。而且这些矿床中贫矿多，富矿少，铜矿平均品位仅为0.87%，品位大于1%的铜储量只占总储量的35.9%，在大型铜矿中，这一比例更是低至13.2%。此外，我国单一铜矿只占三成，多数矿床为伴生矿。

铜是工业和高科技产业的重要原料，其消费量也是经济发展的重要指标之一。据美国地质调查局研究显示，在1990~2012年间，中国和印度等新兴经济体的铜消费量大幅上涨，美国的铜消费量则略有下降。2002年之前，美国一直都是最大的铜消费国，占到全球精炼铜消费的16%。随着中国经济的蓬勃发展，2000~2012年的12年间，中国精炼铜的消费量翻了两番，2002年之后已经取代美国成为铜的最主要消费国（图1.7）。

消费的铜除了源自新增的产量，还有一部分来自回收。不论是原材料还是产品，铜的回收率都极高。按体积计算，铜是回收量仅次于铁和铝的金属，如今生产的铜有80%会被回收利用。回收的铜及其合金，在重熔或进一步再加工后又成为精铜，其化学和物理性能不会有任何损失。

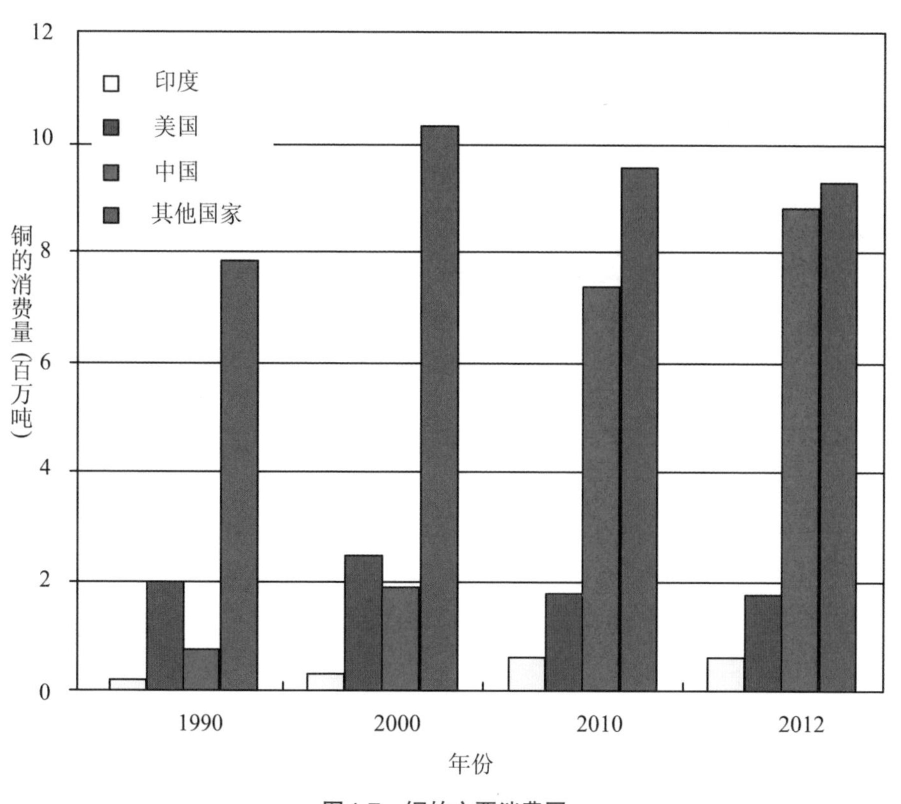

图1.7　铜的主要消费国

四、铜与其他金属元素

单质铜虽然具有良好的物理和化学特性，但铜的用途如此广泛，很大程度上应归功于铜的合金材料。与铜紧密相关的金属元素有锡、铅、锌和镍。铜与锡和铅的合金就是青铜，青铜的硬度和韧性大幅度增强。铜与锌的合金是黄铜，常被用于制造阀门、水管、空调内外机连接管和散热器等，而且黄铜比纯铜或锌更具有延展性，还因其具有更好的声学性能，可用于制造各种乐器。铜与镍的合金是白铜，常被应用于船体，因为白铜在海水中不会被腐蚀，并且能减少海洋生物的附着。为了更好地认识铜，我们先简要介绍几种与铜相关的金属元素，进一步的介绍请参见本书的其他章节。

锡（tin）的化学符号是Sn，为拉丁语Stannum的缩写，原子序数为50。它是一种主族金属，熔点为231.93 ℃，有银灰色的金属光泽，具有良好的延展性

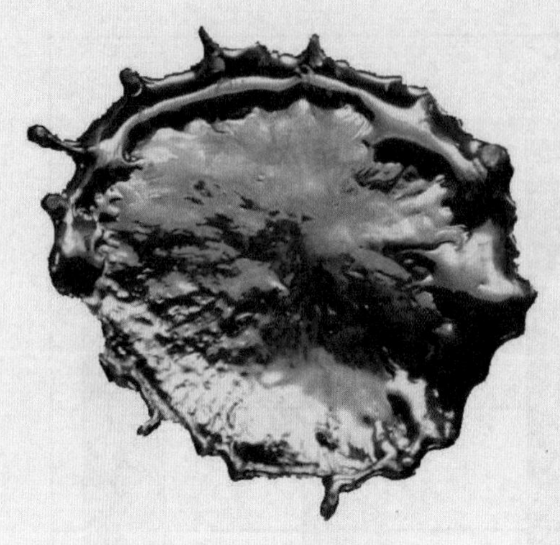

图1.8　凝固后的锡

能（图1.8）。锡在空气中不易氧化，它的多种合金都有防腐蚀的性能，所以常被用作其他金属的防腐层。锡的主要来源是一种叫锡石（SnO_2）的氧化矿物，盛产于中国云南、马来西亚等地。锡在地球上赋存较少，与金、银、铅、铁等金属不同，它主要蕴藏于若干特定地区，全世界有三十多个国家产锡，主要产地在中国、东南亚、南美和欧洲。其中，中国的锡产量占全世界的30%，东南亚占30%，南美洲占20%。

铅（lead）的化学符号是Pb，为拉丁语Plumbum的缩写，原子序数为82。铅是有毒的重金属，柔软性和伸展性好，但延性不佳。它的熔点为327.46 ℃，颜色原本为青白色，但在空气中表面容易被一层暗灰色的氧化物覆盖（图1.9）。铅常被用于建筑、铅酸蓄电池、枪弹弹头、焊接物料、防辐射物料和部分合金，例如电子焊接用的铅锡合金。铅在地球上赋存较广，但自然界中的纯铅很少。铅主要与锌、银和铜等金属一起提炼。其主要矿物是方铅矿（PbS），含铅量达86.6%，其他常见的含铅矿物有白铅矿（$PbCO_3$）和铅矾（$PbSO_4$）等。因分布较广，熔点低，易提取，铅也是人类最早接触和利用的金属之一，在《圣经·出埃及记》中就已经提到用铅。古罗马时期用铅也非常多，有观点认为古罗马人入侵不列颠的目的之一，就是为了获得康沃尔地区的当时已知的最大铅矿。甚至科学家在格陵兰岛钻探的冰心中也发现了铅的踪迹，检测表明公元前5～公元3世纪地球大气层里的铅含量明显增高，这也被认为与古罗马人大量用铅有关。

图1.9　凝固后的铅

锌（zinc）的化学符号是Zn，原子序数为30，是一种浅灰色的过渡金属（图1.10）。由于锌在性状和颜色上类似于铅，故又称亚铅，古代则称倭铅。锌的熔点为419.53 ℃，在常温下硬而易碎，但在100～150 ℃时会变得有韧性，温度超过210 ℃时，又会重新变脆。锌的熔点和沸点（907 ℃）都比较低，除了汞和镉之外，它是过渡金属里熔点最低的。由于沸点较低，容易挥发，所以在古代，锌的冶炼工艺较为复杂，中国到了明代中后期才开始大规模炼锌。在现代，锌主要用于镀锌，镀锌钢板被广泛用于汽车、电力、电子及建筑等行业。此外，锌在电池的制造方面也有重要地位。

图1.10　金属锌

镍(nickel)的化学符号是Ni，原子序数为28。镍是一种有光泽的银白色金属，在银白色中还带有一些淡金色(图1.11)。镍也属于过渡金属，质硬，具有延展性，熔点为1455 ℃。纯镍的化学活性非常高，这种活性在粉末状态下可以看到，但大块的镍金属表面会形成一层带保护性的氧化物，所以与周围的空气反应缓慢。由于氧化缓慢，具有耐腐蚀性，全世界镍产量中约60%被用于生产各种镍钢，尤其是不锈钢。镍的使用最早可以追溯到公元前3500年，如叙利亚境内出土的青铜中的镍含量就高达2%，但早期镍的使用是具有一定偶然性的。一直到18世纪中叶，人们才真正认识镍这种元素，并大量提炼。在此之前，镍矿石常被误认为铜矿物，但由于无法用炼铜的方法从中炼出铜来，所以镍在德国曾被称为“骗人的石头”。镍的主要产地包括加拿大和俄罗斯等地，其主要来源是褐铁矿，镍含量一般为1%～2%。镍的其他重要矿物还包括硅镁镍矿以及镍黄铁矿等。

图1.11　金属镍

第二章 铜开启的金属时代

世界各大文明都先后经历了青铜时代，青铜的使用是迈入文明的重要标志之一。早期的铜通常由偶然获得，且产量很少，所以基本上属于铜石并用阶段。石器和制陶等技术不断积累，为铜的冶炼奠定了一定的基础，铜的使用开始逐步普及。与世界其他主要文明不同，中国没有特别明确的铜石并用时期，中国的青铜业发展具有自己的特色，并在商代晚期至西周早期以及春秋中期至战国时期先后经历了两次发展高峰。

一、原始工艺与铜技术

1. 石器与铜技术

青铜的冶铸其实与石器制作有很多关联，例如早期的红铜器物无疑是用石锤锻制而成的，早期铜绿山等铜矿遗址矿石的开采工具也是石质工具，青铜浇铸的石范所用的滑石、片麻岩等石料也是来自石头。

原始社会的石器制作虽然粗陋原始，但其实并不是想象中的那么简单。石器制作包括选材、剥离、打制、琢磨、穿孔等一系列工艺。早期的石器是较为粗陋的，如元谋人和蓝田人使用的刮削器，原材料只是天然脉石英、石英岩、砾石或燧石碎片。这些岩石的主要成分为二氧化硅，容易形成贝壳状断口，硬度也比较大，稍加修整就可直接利用。到了新石器时代，人类使用的石料范围更加广泛，石器种类也大大增加，所用岩石或矿石有数十种之多。

原始社会晚期，人们为了制作石制工具、农具和武器，在开采石料和选择石材的过程中，不断积累相关知识，逐渐发现天然铜和含有铜的矿石，以及铜锡混合的矿石。早期的铜器是由天然红铜制成的，红铜是纯度很高的铜，只含极少量锡和铅等金属。但自然界中的红铜极少，寻找红铜对古人的矿石搜寻提出了很高的要求，需要在很大活动范围内找寻这些难得的矿石。红铜器物的制作主要通过锻造，古人正是在制作石器和玉器的过程中，积累了丰富的制作经验，才逐渐娴熟地制作红铜制品的。

考古发现有时伴随年代较晚的红铜一起出现的还有冶铜坩埚的碎片以及炼铜的原料孔雀石和木炭等。孔雀石是非常适合炼铜的矿石材料，它的主要成分为碱式碳酸铜，当受热分解后，就形成了氧化铜。将氯化铜与木炭一起加热，达到一定温度时，就能被碳还原成铜。将烧结而成的铜块进行锻冶，就能制成简单的铜器。由于早期的冶铜往往不能形成较高的温度，所以制成的铜器大多

图2.1 二里头遗址出土的绿松石龙牌饰

是用这种烧结铜块锤炼而成的。这些铜器基本都是简单的刀凿之类，但这种锻冶的红铜器物出土比较广泛，说明那时的冶铜已经不是个别行为了。

新石器时期的采矿过程中，古人对绿松石和孔雀石的认识有了一定的提高。绿松石外观酷似硅孔雀石，两者仅从外表很难分辨。不同之处在于前者硬度为5~6，而后者硬度为2~4。中国古代称硅孔雀石为“碧钿”“碧钿石”或“碧甸子”，实际上一些出土的绿松石制品可能就属于硅孔雀石。当然古人在寻找绿松石制作各种配饰的过程中，也不经意间与孔雀石等矿石有过接触。图2.1所示是二里头遗址出土的绿松石龙牌饰。

最早的青铜材料，很有可能是在冶炼红铜时偶然加入锡矿石所得，在冷却后无意中得到了硬度更高的铜锡合金。通过反复的摸索和实践，利用这一发现，人类最终迈入青铜时代，所以青铜的开采与冶炼离不开对各类矿石的认识。

2. 制陶与冶铜

冶金术与制陶术有着诸多类似之处，人们常说的“陶冶”一词，就反映了两者关系的紧密。在古人看来，陶与冶、陶与铸，都是极为相关的。冶金所需的三个技术条件是高温、还原性气氛和矿石，其中有两项是由制陶术提供的。

制作陶器是人类迈入新石器时代的重要标志之一，中国何时开始制作陶器尚待进一步的考古发掘证据。但距今约10000年的江西万年仙人洞、广西桂林甑皮岩等遗址就已经有陶片出土。虽然中原地区发现陶片的时间要相对较晚一些，但时代也不晚于江南地区的这些遗址。图2.2是二里头遗址出土的陶鼎。甑皮岩遗址的陶片有夹砂红陶和黑陶，烧成温度约680 ℃。河姆渡遗址夹炭黑陶烧成温度为800~1000 ℃，大汶口文化早期陶器烧成温度为600~950 ℃，晚期的白陶则达到1200 ℃，仰韶文化半坡遗址陶器的烧成温度为950~1050 ℃。铜的熔点为1083.4 ℃，因此1000 ℃也是冶铜得以进行的临界温度。从这些数据能够看出，至迟在新石器时代中期，相当于仰韶文化时代，人们就已经能够获得

1000 ℃左右的温度，这样的温度条件，完全可以满足冶铜的要求。

图2.2　二里头遗址出土的陶鼎

（中国社会科学院考古研究所藏）

金属主要以氧化物和硫化物以及碱、酸化合物的状态存在于矿石中，除了氧化物之外，其他类型矿石都要通过焙烧成金属氧化物后，再从氧化物中还原出金属来。要实现这一过程，反应就需要在还原性气氛中进行，所以还原性气氛的获得与控制是冶金的重要因素之一。制陶过程中，当陶窑中的炭不充分燃烧时，会产生一氧化碳还原性气体，陶窑中的一氧化碳能把红色三氧化二铁还原成灰色或黑色氧化铁。冶铜过程与其类似，即产生的一氧化碳将氧化铜还原成金属铜（$CuO + CO \xrightarrow{\Delta} Cu + CO_2$）。

中国新石器时代的制陶大体是从红陶或褐陶发展到灰陶、彩陶和黑陶的。也就是说，早期陶器基本是红陶和褐陶，如万年仙人洞和磁山、裴李岗等遗址出土的陶器。然后出现了在还原性气氛中烧造的灰陶和黑陶，如陕西西乡李家山和宝鸡北首岭仰韶早期遗址出土的陶器。河姆渡和良渚文化遗址从早期到晚期，也都出现了灰陶比例增加的现象。更为典型的是大汶口文化，大汶口早期的灰陶比例很大，中期时黑陶就已占主导地位，说明大汶口人在当时已经可以很好地控制还原性气氛。

以上制陶带来的高温和还原性气氛两项关键技术，表明在中国新石器时代中期之前，人们就已完全具备了冶炼金属铜的主要技术条件，具体期限应该为仰韶文化早期之前。

除了这些技术储备，铸铜和制陶的关系还表现在大多铜器的形制和纹饰都是以各种陶器为祖型上。青铜器的主要类型，如鼎、簋、鬲、爵、觚等，几乎都能在陶器中找到。此外，用来铸造铜器的范、模和其他模具的加工技术也是来自制陶。由此可见，制陶术对冶铜的发展至关重要。

二、世界古代的铜业

一般认为，人类文明最早开始于尼罗河和两河流域（幼发拉底河和底格里斯河），苏美尔人是两河流域的早期居民，也是最早使用铜的民族。苏美尔人主要居住在美索不达米亚的南部，也就是如今的伊拉克。公元前5000年左右，苏美尔人进入了金石并用时期，他们首先在铜锻造的技术上有了发展，随后这些技术被传到了古埃及。阿鲁拜德地区（Al-Ubaid）曾发现有苏美尔人制作的大量铜壶、铜罐以及其他饮用器皿，比这些铜器年代更早的还有铜制的凿子、刀和鱼叉等工具，其中年代最久的是铜制的箭镞和矛等兵器。考古学将苏美尔文明分成三个文化期：欧贝德文化（Ubaidian Culture，公元前4300～公元前3500年）、乌鲁克文化（Uruk Culture，公元前3500～公元前3100年）和捷姆迭特·那色文化（Jemdet Nasr Culture，公元前3100～公元前2700年）。欧贝德文化时期已有少量红铜工具，到晚期已经开始人工冶铜，并能使用单面范铸造铜器。乌鲁克文化时期，冶铜技术有了较大的发展，铜被广泛地用来铸造工具和武器，其种类和数量都不断增加。捷姆迭特·那色文化时期，铜的使用达到鼎盛阶段，产品有两面斧、碗、管、环、叉、镜、鱼钩及动物雕像等。

此后，美索不达米亚地区进入城邦争霸和王朝阶段，先后兴起了乌尔王朝、阿卡德王朝、巴比伦帝国和亚述帝国等。乌尔第一王朝（公元前2700～公元前2600年）时期，已开始使用青铜，并掌握了失蜡法，该时期王陵中发掘了大量铜制的头盔、斧子和标枪等。从此两河流域进入全盛的青铜时代，成为铜的主要加工和使用地区。随着乌尔王朝的灭亡，两河流域南部的奴隶制城邦开始衰落。当进入巴比伦时期后，生产力得到进一步提高，青铜文化开始达到一个新的发展阶段。

由于美索不达米亚地区缺乏铜矿资源，苏美尔人的铜料来源问题也一直是个谜。随着考古发现和相关研究的开展，表明直到公元前4000年，他们的铜料主要来自伊朗高原，此后苏美尔人还曾从阿曼地区获得铜料。

美索不达米亚的青铜铸造技术随后散布到周边区域，小亚细亚东部的卡帕多细亚（Cappadocia，如今土耳其东南部）随之也进入青铜时代，在土耳其南部城市塔尔苏斯（Tarsus）以北，考古学家发现了一座古代锡矿，此处出土了大量的锡矿石残留物以及数以万计的小型坩埚，表明这里也曾是青铜冶炼的中心。图2.3是古代中东地区的金属生产中心分布图。

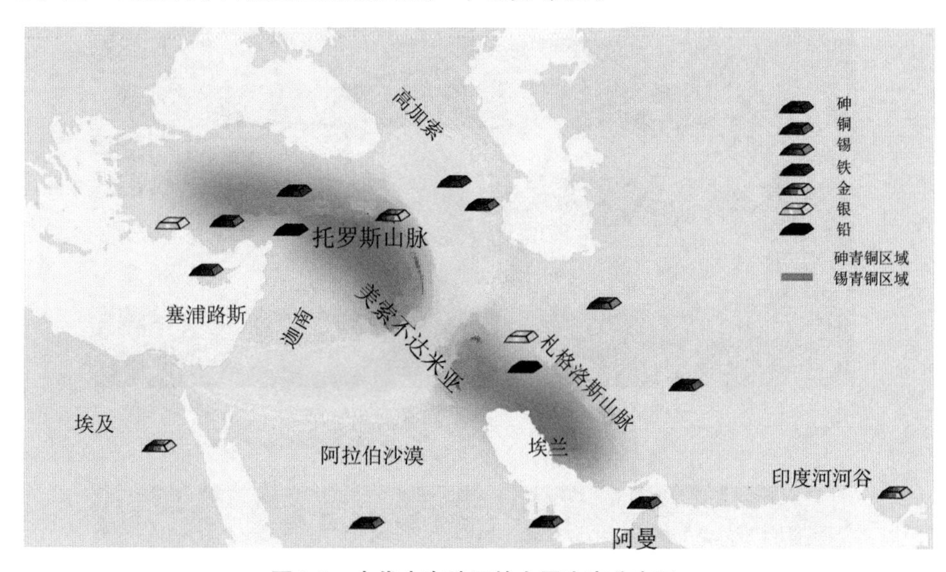

图2.3　古代中东地区的金属生产分布图

古埃及也很早就具备了采矿技术，青铜以及黄金等贵金属都是其文化的重要组成部分。原始社会时期的埃及人就已经开始用铜制作一些小件工具和装饰物，到了奴隶社会后期，冶炼技术迅速发展起来，大约在新王国时期，就已经有了比较完备的青铜冶炼技术。公元前1340年左右，古埃及人就已经制造出了精致的青铜短剑，反映了当时匠人技术的高超，许多青铜饰物，现在看来仍是极好的工艺品。古埃及人还在美索不达米亚人技术的基础上做了很多改进，如改进鼓风技术，以此提高炉温和冶炼效率。最初，人们只是用嘴通过管子向炉内吹风,后来发明了一种脚踏鼓风机，风力的增强提高了炉温，既缩短了冶炼时间，又提高了冶炼质量。

由于尼罗河经常泛滥，为了准确地判断季节和测量时间，古埃及人还使用铜制作了很多精密的测量仪器，如铜圭表（图2.4）等。另外，重量的计量在古埃及生活中也占有相当重要的地位，无论是在日常贸易中，还是在宗教仪式中，称重的天平都被广泛运用。天平砝码最初使用的是经过仔细打磨和标记的坚硬石头，后来开始使用更精密的青铜砝码。考古学家在阿玛尔纳（Amarna，埃及开罗南287千米）就发现了一套大约公元前1450年制造的具有精美动物造型的青铜砝码（图2.5）。

图2.4　古埃及铜制圭表

（法国巴黎卢浮宫藏）

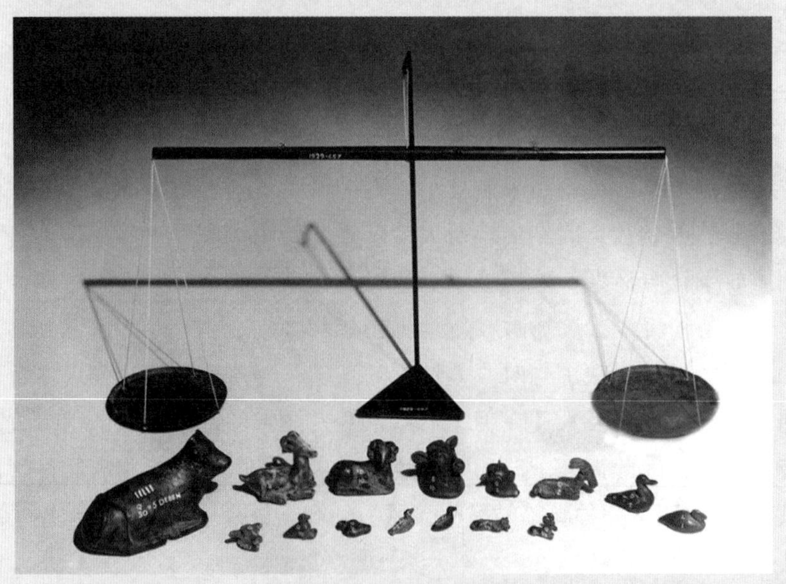

图2.5　古埃及阿玛尔纳出土的青铜砝码

（法国巴黎卢浮宫藏）

古埃及第一王朝时期（约公元前3100年），人们就已经使用铜镜，最初的铜镜是用纯铜制作的，后来被青铜所取代。另外，铜和铜合金还被运用于制作各种颜色的颜料。这些颜料常被用作化妆品，当时蓝色和绿色的眼妆，就是使用铜、铜合金以及碳酸铜等材料制作的。一些用于上颜料的眼线笔也是用铜制造的，这些结实耐用的工具在几千年后的今天仍然可以使用。古埃及人最初给器物上釉也是使用金属炼渣，许多颜色丰富的埃及釉都含有铜粉，如用作装饰或镶嵌的蓝色釉。当时还有上釉的瓦片以及用彩色玻璃做的戒指、耳环和其他小饰品。其中的蓝色就是用铜和苏打混合而成的，红色则是用氧化亚铜制成的。不过，古埃及并没有出现过铜币，这主要是由于大多数交易是通过以物易物完成的，偶尔需要使用货币的时候，更多的是使用金或银。

欧洲文明最早发源于爱琴海区域，爱琴海南端各岛屿在基克拉底文化（Cycladic Culture，约公元前3200~公元前2000年）时进入青铜时代，古希腊大约在公元前3200年进入青铜时代早期，共分三期。早期和中期尚处于原始社会阶段，晚期受米诺斯文明影响，开始迈入文明阶段，古希腊比较典型的青铜器有剑和匕首。

米诺斯文明（Minoan Civilization，约公元前2600~公元前1100年），也叫弥诺斯文明，是爱琴海地区早于迈锡尼文明（Mycenaean Civilization，约公元前1600~公元前1100年）的青铜时代，主要集中在克里特岛上，在公元前2000年建立了奴隶制国家。出土的大量遗物表明，这里曾是世界青铜文明的中心之一（图2.6）。

图2.6　克里特岛出土的铜锭

公元前2000年之后，古希腊人逐渐在巴尔干半岛南端定居。从公元前16世纪上半叶起，开始形成一些奴隶制国家，出现了迈锡尼文明，迈锡尼文明因伯罗奔尼撒半岛上的迈锡尼城而得名。从这一时期的贵族宫室和陵墓中发现了大量的装饰豪华的青铜武器以及青铜器皿。武器有长枪、标枪以及铜剑和铜盔甲，如护胸甲是由皮衣上缝青铜片制成的。

古希腊人也使用铜铸造各种小物件，如镜子、首饰、把手等。图2.7所示的是希腊黑陶上描绘的冶铜场景。另外，他们还特别擅长雕刻，并将铜像放在寺庙或神殿中供奉。当时曾有大量的青铜雕刻作品，不幸的是这些青铜作品大多在此后的多个世纪里不断地被熔化用于铸币。

图2.7　古希腊黑陶上描绘的冶铜场景

最令人惊奇的是，古希腊人甚至用青铜制作了一台“计算机”，这就是安提凯希拉装置（Antikythera mechanism，图2.8）。使用安提凯希拉这个名称，是因为这个装置是于1901年在希腊安提凯希拉岛附近一艘古希腊沉船上发现的。由于已经在海底沉睡了两千多年，这个青铜机械装置经过长期的海水侵蚀，外表如同石头一般，但上面镶嵌着的许多精密齿轮装置依然清晰可见。X射线探测显示，这个三十多厘米大小的装置，包含有数十个手工刻制的青铜齿轮，是当时天文学家用以对天体运行周期进行天文计算的工具，具有计算日食和月相等功能。

图2.8　古希腊青铜天文装置——安提凯希拉

（希腊国家考古博物馆藏）

中欧和西欧的青铜时代早期文化是钟杯战斧文化（Bell-Beaker and Battle-Axe Culture，约公元前3000年中期～公元前2000年初期），因出土有钟形杯状陶器和用于战斗的穿孔石斧而得名。钟杯战斧文化时期，欧洲广大地区的原始农业发展为农牧混合经济，由于流动性大，所以村落遗址较少，但这一时期的陶器和青铜武器分布得很广，出土的青铜器有短剑、匕首、箭镞等，并且发现有铸范。欧洲青铜时代晚期是骨灰瓮文化（Urnfield Culture，约公元前1300～公元前750年），以其独特的葬具骨灰瓮而得名。骨灰瓮文化的青铜工艺已有较高水平，除了可锻制青铜铠甲和盾牌等外，当时还采用失蜡法铸造青铜器，典型器物包括铜剑、刀、矛、手镯等。图2.9是铜在欧洲的传播图。

东欧北部森林地区法季扬诺沃文化（Fatyanovo Culture，约公元前3200～公元前2300年）的居民是典型的欧罗巴人种。他们从事农耕、畜牧和渔猎，其中饲养有猪、绵羊、牛、马、狗等；工具和武器主要用石、骨、红铜和青铜制作，典型的铜制器物有青铜斧；另外，还有楔形斧、刀、锄、凿、矛、镞、磨盘以及铜制饰品等。他们当时开采伏尔加河中游的铜矿进行冶炼，出土有铸范和工具等。

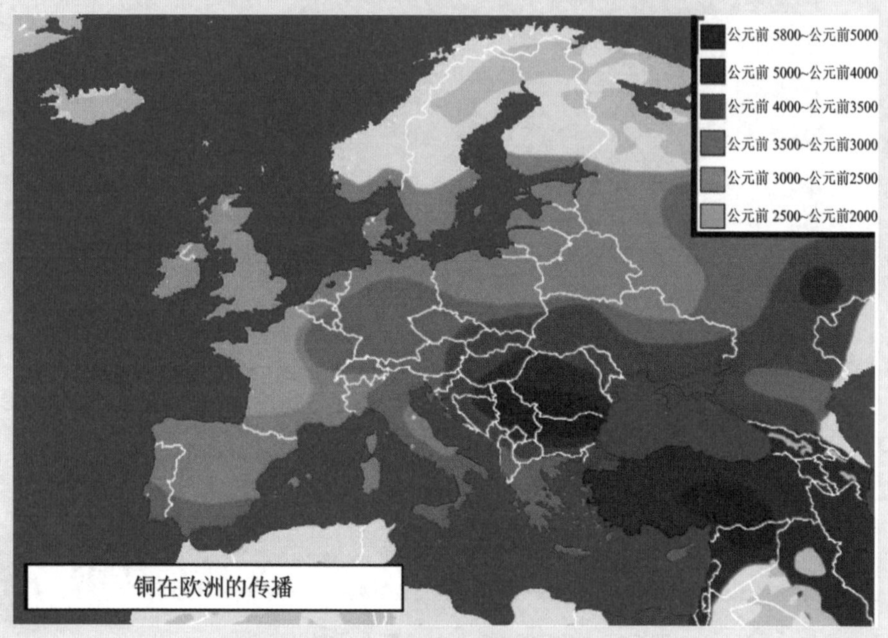

图2.9 铜在欧洲的传播

东欧南部草原地区竖穴墓文化（Pit-Comb Ware Culture，约公元前3200~前2300年）为铜石并用时代至早期青铜时代文化，其范围东起南乌拉尔，西到德涅斯特河，南起北高加索，北抵伏尔加河中游。该文化又分为三期，从中期开始，出现了红铜器，包括刀、锥、斧、凿、锛等；后期则发现有青铜刀和锥以及加工金属的锻锤工具和熔炉等。

东欧南部青铜时代晚期是木椁墓文化（Timber-chambered Tomb Culture，约公元前1500~公元前800年），其范围东起乌拉尔，西到第聂伯河，北起卡马河、奥卡河，南到亚速海、黑海沿岸。该时期青铜器数量大增，种类繁多，工具有锄、镰、锛、斧、凿、刀等，武器有短剑、矛、镞等，此外还有各种青铜饰物。区域内各地普遍发现有铸铜的遗迹和遗物，包括铜作坊遗址、石范、熔炉等。其铜料除了本地采矿和冶炼外，也有部分来自于乌拉尔、中亚和喀尔巴阡山等地区。

意大利北部的泰拉马拉文化（Terramare Culture，约公元前1700~公元前

1100年），在公元前1400年左右达到鼎盛期。“泰拉马拉”的意大利语意为“黑土”或“肥土”，因为该地农民常将这类遗址中的黑土当肥料使用，故亦称“肥土堆文化”。泰拉马拉文化有较大规模的农村，居民世代经营农业和畜牧业，采用犁耕，种植小麦、荚豆等作物；牲畜则有牛、羊、猪、狗和马。除了使用石器和骨器外，他们还把青铜引进意大利，广泛地用青铜制造的镰刀、箭镞、斧子和剑等。意大利南部的亚平宁文化（Apennine Culture，约起始于公元前1500）的居民广泛地使用石制、骨制工具，但也有部分青铜器，公元前1000年初则进入铁器文化。

意大利中部的青铜文化比较突出的有古罗马。古罗马人在青铜艺术上主要借鉴了古希腊人，他们在生产和生活的很多方面都运用了青铜铸造技术。比如在建筑方面，罗马万神殿的入口处就采用了两扇青铜大门，门高约7米，是当时世界上最大的青铜门。万神殿的藻井装饰有美丽的雕刻，圆形屋顶有直径9米的天窗，其圆顶采用的是铜板，外部用铜瓦片铺设。不过这些铜瓦片后来被运往君士坦丁堡，途中又遭遇了阿拉伯人的抢夺。乌尔班八世（1623～1644年在位）时期，圆顶的铜板又被卸下，被用于生产200吨铜片和4吨铜钉。

虽然古希腊人在亚里士多德时期（约公元前330年）就已经知道了黄铜，但最早大量使用黄铜的却是古罗马人。古罗马人将20%的锌和 80%的铜混合，制成所谓的“镀金金属”，用以模仿黄金，并将其制成各种礼仪场合下使用的头盔和一些饰品。古罗马人不像古希腊人那样使用银币，而是大量使用铜币，依据不同的货币价值，铸造有重量、大小和厚度不同的铜币。

印度也是较早使用青铜的文明，在公元前2500年前后，青铜工具和武器在印度就被广泛使用，其中包括有锯、斧、镰、刀、剑、镞和矛头等，而且当时对金属的热加工和冷加工工艺都达到了较高的水平，能采用焊接法制造各类铜器物。具有代表性的是哈拉帕文化（Harappan Culture，约公元前2350～公元前1750年），因其主要城市遗址哈拉帕而得名，其中心分布在印度河流域，故又称印度河文明。当时的金属加工以红铜和青铜为主要原料，采用锻、錾、焊和失蜡法等技术，制造有斧、锛、镰、锄、凿、锯、刀、矛、镞、剑、锤以及青铜容器和雕像等。

哈拉帕文化末期，摩亨佐·达罗（Mohenjodaro）等地遭到破坏，居民逐步向东面和南面迁移。因此，哈拉帕文化在印度的古吉拉特邦、旁遮普邦、哈利安纳邦和北方邦西部的某些地区残存至公元前1000年，被称为后哈拉帕文化。

在巴基斯坦信德地区的昌胡达罗、丘卡尔和阿姆里等地，则出现了新的文化类型，即丘卡尔文化（Jhukar Culture），其金属器有红铜斧和青铜罐等。

古印度是神话之邦，宗教和哲学异常发达。因此古印度的青铜造像也非常流行，这些造像可以追溯到哈拉帕文化时期。造像通常有着一定的象征和寓意，被认为熔铸着诸神之灵。公元前9～公元前6世纪，婆罗门教（印度教前身）、佛教和耆那教（又称耆教，印度传统宗教之一）相继兴起，印度的青铜造像技术因此也长久不衰。

三、中国古代的铜业

世界主要文明在新石器晚期大多存在着一个由石器时代向青铜时代过渡的铜石并用时期，但在中国的冶铜发展中，这一过渡时期的界定还较为模糊，目前尚未有定论。所以只能笼统地说中国铜石并用时期大约始于仰韶文化晚期至龙山文化时期，自此发展出了比较完善的青铜冶铸技术。

我国考古发掘最早的铜件是陕西临潼姜寨仰韶文化遗址中出土的两件铜片，碳十四测年显示其距今六千年左右（约公元前4000年）。目前，已发现中国最早的青铜器则是甘肃东乡林马家窑遗址出土的使用单范铸成的青铜刀，年代为公元前3000年左右（图2.10）。另外，甘肃永登连成蒋家坪马厂文化遗址也出土有铜刀残片，年代在公元前2300～公元前2000年。这些出土铜器表明，至少在公元前3000～公元前2300年，我国的黄河上游马家窑文化等就已经有了用范模制成的青铜器物。

图2.10　中国发现最早的青铜器——马家窑文化铜刀

（中国国家博物馆藏）

龙山文化是继仰韶文化之后兴起的另一种遗存，主要分布在黄河中下游一带，年代约为公元前2400～公元前1700年。龙山文化时期的铜器大都为刀、锥、凿、钻一类的小件刀具或饰物，其中大多为红铜，只有部分器物为原始青铜或原始黄铜。龙山文化中晚期，铜器的使用开始显著增多，在黄河中下游发现有不少铜器或冶铸遗存。其中，分布于甘肃和青海的齐家文化和中原文化有密切关系，它们在龙山文化各文化类型中年代最晚，出土铜器也最多。从成分来看，齐家文化的铜器较为复杂，虽然以红铜为主，有的铜含量高达96.8%，也有铅锡青铜，如杂马台的铜镜含锡达10%。从制作工艺来看，铸造和冷锻并存，具有一定的原始性，所以整体上未进入青铜器时代，或者属于早期青铜时代。

1. 夏、商、周铜业

新石器晚期在黄河流域出现的早期青铜器，总体来说数量较少，质量粗糙，对社会生产和生活影响并不太大，尚未构成一种文化现象。到了夏代，中国历史上出现了第一个奴隶制国家，其范围主要是今天的豫西伊洛河流域以及山西南部和冀、鲁、豫三省交会区域。夏朝也是中国进入青铜时代的开端，随着在制陶中不断累积的火候知识和经验，使得熟练地冶炼铜矿石成为可能，由青铜制成的外表光亮、质地坚硬的器物也很快受到青睐。

夏代和商代早期青铜的主要代表是河南偃师二里头出土的青铜器（图2.11）。关于二里头文化的归属，学术界尚未达成一致观点。有的学者将二里头文化全部作为夏文化；有的将二里头文化归入商代早期；也有的将二里头文化一期和二期归为夏文化，三期和四期作为商代早期。二里头文化一期和二期中青铜器比较罕见，只有少量的小件工具和坩埚、铜渣等；而三期和四期的青铜器种类和数量都大幅增多，所以从青铜的使用角度，将三期和四期归入商早期更合适。

图2.11　二里头遗址出土的铜铃

（河南博物院藏）

同属二里头文化的还有洛阳东干沟遗址，出土有铜刀两件，铜钻和残铜器各一件。山西夏县东下冯遗址也属二里头文化类型，年代相当于夏纪年至商早期，出土有四块铜锛范以及铜凿和铜镞等，其中的铜凿为红铜，三件铜镞和残铜器为铅锡青铜，均为铸造而成。相当于夏纪年岳石文化的山东省泗水县尹家城遗址也出土有14件铜器，其中包括有刀、锥、环和铜片，最高含锡达15.1%，可见其冶铜已具有相当的水平。属于夏纪年时期的河南淅川下王岗遗址也出土有残铜器，从形制上看，应为刃具铜器。长江流域的夏纪年时期铜件发现得较少，目前已知的主要有安徽含山大城墩遗址出土的一件铜刀，属于锡青铜材质。另外，在山西陶寺遗址发现的铜铃和登封王城岗遗址发现的疑为青铜容器的残片，也表明龙山文化末期至夏初期可能采用了复合陶范铸造礼器和容器，反映了从早期铜器到二里头后期青铜礼器之间的青铜冶铸技术的发展。

商代是中国青铜器的鼎盛时期，从配料、熔炼、造型，一直到浇注，已发展出一整套完善的铸铜工艺。这一时期不仅有四羊方尊（图2.12）这样精美的铸件，也有司母戊鼎这样的大型铸件。这些青铜器反映出当时已经具有采用由多块型芯组装的复合范以及分范、分铸等先进工艺，并且能够高效地进行生产协作。

图2.12　四羊方尊

（中国国家博物馆藏）

商代遗址中，河南偃师二里头出土了近30件商代早期的锡青铜器，城址内的冶铜遗址出土有熔炉、炼炉、炼渣、陶范等，这些都是商代早期青铜冶铸业规模和技术水平的真实反映。青铜器有在郑州出土的两件大方鼎，分别重达64.2千克和82.3千克。在郑州的南关外和紫荆山，湖北黄陂盘龙城等处也有重要冶铸遗址，其中郑州的两处冶铸遗址属于二里冈文化，出土有刀、锥、镰、鬲、爵、斝等陶范。

在商代晚期都城遗址安阳殷墟出土铜礼器不下千件，如司母戊鼎等重器，其他如兵器、工具和车马器等数以万计。殷墟中保存最完整的王室墓妇好墓，共出土铜器四百余件，说明当时的冶铸规模和生产技术都达到很高的水平。作为当时最重要的青铜冶铸业基地，殷墟附近以小屯为中心，在高楼庄、苗圃北地孝民屯等处分布有多个作坊。其中，孝民屯作坊面积在一万平方米以上，在发掘的千余平方米范围内，出土有觚、觯、爵、彝、刀、戈、镞等的陶范和芯近两万块，还出土有爵柱的泥范、翻制分范用的钮模、分铸法所用的兽头模等，铸造方鼎的陶范最大达1.2米。

殷商晚期，中原青铜文化已经影响到辽宁、江西、甘肃等广大区域，并且各地的晚商铜器也具有一些地域特色。其中，江西瑞昌铜岭古矿冶遗址、江西新干大洋洲商墓、四川广汉三星堆等都是商代南方地区青铜文化的典型。

商是具有泛神论共性的一个大部族，信仰多神，崇拜天神、地祇、人鬼，其青铜器也是殷商宗教文化的物质载体之一。当时的青铜礼器主要用以烹煮、盛装祭祀物品进献给诸神，而乐器则用以演奏祭神之乐，以此来沟通神人以求神佑，具有明显的崇神性。青铜纹样方面，早商的铜器大多只有简单的素面纹、乳钉纹等。中商以后，纹样逐渐繁复，有双重花纹。殷商时期，大部分器物的纹样是异常华丽、繁褥神秘的三重花纹，常见的如扭曲奇怪的饕餮纹。

周兴起于渭水河流域，西安附近的丰邑和镐京以及洛阳的成周是周的政治经济中心，这里也是西周青铜器出土最多的两个地区。商灭亡后，周王室将俘获的大批商朝工匠迁徙至镐京和成周，周的青铜冶铸业主要也是依靠这些工匠建立起来的，所以西周早期的青铜器大多和商晚期相近。周代遗址中，陕西沣西张家坡出土有铸铜的范、芯和浇口，马王村灰坑也出土有26块此类文物。洛阳北窑西周前期冶铸遗址分布面积则达十四万平方米，出土有大量的红烧土块、木炭、坩埚、熔炉壁、风嘴、浇口、炼渣等，其中烘范窑三座，还出土有泥模和泥范有一万五千余块。

周代中期起，对青铜的冶铸逐步确立了自己的风格，器物雄浑厚重，制作精细。周代礼器的组合由鼎、编钟和成套的簋和鬲等组成，纹饰改以瓦纹、重环纹等简朴式样为主，殷商流行的饕餮纹只用于次要部位。周代青铜器外在装饰日渐简化，但器内的铭文却逐渐增长，常用铭文昭示功德，记事立约，铭文的内容包含了社会政治、经济、军事生活的多方面，可以说是了解周王室或贵族家族的重要档案。如铭文最多的毛公鼎（图2.13）就是西周宣王年间所铸造的青铜鼎，腹内刻有金文32行共计497字。内容是周宣王对他的近臣毛公加以任命与勉励的一篇完整“册命”，不仅是重要的史料，而且在书法艺术上也具有很高价值。

图2.13　毛公鼎

（台北故宫博物院藏）

周朝青铜铸件的总体特征是形体由深厚转到轻薄，纹饰较少，逐渐趋于写实。周的青铜文化呈现出双重性，一方面被纳入礼制的规范，另一方面又成为礼制的载体，这与周人崇礼有关，所谓的“礼”，就是贵族的行为规范。在周代，青铜礼器和乐器是不可乱用的，有“唯器与名不可以假人”之说。西周对不同级别的人规定了相应的青铜器使用数量，其中尤其对鼎的使用最为严格，因为鼎是周朝青铜礼器中最主要的器物之一，也是夏、商、周三代共用的礼器。鼎是国家政权的象征，当一个国家灭亡建立另一个国家后，首要之事就是“毁其宗庙，迁其重器”，青铜鼎就是其中重器之一，把鼎迁到自己的庙堂之上就表明建立了统治的合法性，所以到了东周时，历史上不断呈现一幕幕问鼎和夺鼎的事件。周人还将商代已经出现，但很少使用的器物簋与鼎相配，形成“鼎簋之制”的周朝礼器组合。

2. 春秋战国铜业

从西周到东周，王室和侯国在政治、经济、军事的格局上发生了较大的变化，地域文化开始繁荣，思想日趋活跃，诸侯群起，百家争鸣。这些变革也逐渐打破了周天子一统天下，周礼紧锁天下的局面。反映到青铜器上，就表现为器物的器形、纹饰及组合上发生了改变。此前的青铜文化主要是彰显贵族的崇神或礼制文化，距离人们的日常生活比较遥远。到了春秋中期后，青铜器的发展开始具有双重性。一方面，青铜器依然作为礼制载体，各地诸侯墓中出土的“九鼎八簋”等器物依旧庄严厚重，这些器物作为礼制的载体也保留了装饰素雅、造型庄重的特点。另一方面，纯粹的日用器物也在大量增加，日用器物的装饰则工整细致、华丽精巧，器物纹饰中的宴饮、射猎、采桑、出行、战争等日常生活题材取代了粗重的几何纹和饕餮纹，人面不再惊恐无助（图2.14），表情开始轻松，充满灵性动感。从器物种类的变化来看，春秋战国时期器物样式翻新，质薄型巧，轻便适用，走向世俗。另外，铭文的铸刻位置多施于器表显著位置，文字图案化，排列布局讲究对称和均衡。部分铜器还用金银镶嵌，夺目耀眼，字体上则追求美化，出现鸟篆体、蚊脚书，藻饰秀丽，装饰性取代了书史性，文字内容则多以彰显器物主人的家世和身份为主。

图2.14　表情凝重的商代晚期青铜器——虎食人卣

（法国巴黎亚洲艺术博物馆藏）

西周晚期贵族制走向没落，这也反映在青铜器铸造上，从西周晚期到春秋初期，出现器形制作简陋和花纹、铭文草率的现象。由于这一时期各大诸侯国日渐壮大，而“国之大事，在祀与戎”，为了充实宗庙重器和增强军事实力，诸侯国相继发展冶铸业。即便一些中小诸侯国经济和技术力量薄弱，但仍全力以赴地发展冶铸。不过这种普遍的发展，却带来一定的不良后果，即青铜铸造质量的下降。这一时期的青铜铸造遗址有河南新郑的吴楼和梳妆台两处铸造遗址，前者以铸造礼器和车马器为主，后者则主要铸造兵器、钱币和工具。春秋中期以后，诸侯国的冶铸水平得到提高。以河南新郑李家楼春秋郑国国君大墓出土莲鹤方壶（图2.15）为代表的青铜器款式新颖、体形硕大，采用了分铸焊接、印模成纹等新技术，部分器物还采用失蜡法铸造。这些器物的出现表明诸侯国的青铜冶铸业都已发展成熟。

图2.15　莲鹤方壶

（河南博物院藏）

此外，江南吴越地区的青铜业也迅速发展，技术水平已不在中原诸国之下，吴越所铸的青铜剑也是各国王公贵族所慕求之物。华南地区这时也已进入青铜时代，如广西恭城出土的春秋晚期提梁壶、靴形钺和扁茎剑都是本地所铸的具有地域特色的器物。这一时期的冶铸遗址，以山西晋候侯马铸铜遗址为代表，该遗址位于晋都新田，又邻近中条山铜矿区，出土极为丰富，有烘范窑、冶铸坑、炉壁、风嘴、木炭、炼渣、铜锭等，尤其是还有各类泥模、泥范和芯多达三万余件，种类相当齐全。

战国时期，随着冶铁业的发展，青铜冶铸地位逐渐下降，但从绝对量来看，青铜器的生产仍然有较大幅度的增长。战国的大量青铜被用于兵器，这与当时战事频繁和战争规模的扩大有关，青铜兵器除了戈、剑、矛、戟，还有比较先进的铜弩机。另外，随着商品生产的发展，铜币的需求扩大，也促进了批量生产的铸造技术的发展，如将铜范批量翻制成泥范以及用铜范直接翻铸钱币等，这些技术使铸造效率得到大幅提高，青铜规格也趋于稳定。

3. 秦汉及以后铜业

秦汉时期，随着青铜工具很快被铁制工具所取代，盛极一时的青铜礼器也逐步衰败。取而代之的是实用青铜器具的发展，此外大量的铜还被用于铸造货币、铜镜和印玺等。虽然青铜生产工艺和技术还在不断发展，但青铜在社会上的需求却越来越少，所以青铜生产在很多方面都不同于商周时期。人们为了享受生活、方便生活才使用青铜器，青铜开始普遍世俗化和商品化。

汉代青铜器主要为日用器物，如饮食器、饮水器、乐器等，鼎、壶等器物在西汉前期的贵族墓葬中也较为常见。汉代青铜器造型更注重科学性、实用性和审美功能， 这在灯和炉等器物方面表现得尤为明显。汉代以前，人们对灯的要求并不迫切，汉代之后人们的夜间活动逐渐增多，青铜灯具（图2.16）也日益流行。汉代铜器的装饰，一方面皇室和贵族用器表面多有精致的装饰和复杂的花纹，用以体现皇家贵族生活的奢华，装饰技法还包括有错金银、鎏金、细线刻镂等；另一方面，占据主要地位的还是素面器物。因为汉代铜器灵巧轻便，不适合铸刻粗重纹饰，所以纹饰日趋简单。自西汉后期，绝大部分器物是素面无纹的。素朴简单的铜器，既简化了制作工序，又降低了制作成本，加速了青铜器的普及。

除了日用器物，秦汉之后，铜的主要用途之一是铸造货币，如秦代的半两、两汉的五铢，唐代至明清的通宝、元宝等，此外还有大泉、小泉、货泉等不同货币，这些货币绝大多数也都是用青铜铸成的。

图2.16　汉代四花瓣纹青铜灯

三国两晋至南北朝时期，由于北方战事不断，南方相对稳定，故这一时期南方的青铜冶铸较北方兴盛，但总体上比两汉还是有所衰退。这一时期的冶铸遗址考古发现比较少，主要有湖北鄂城孙吴时期的采铜和炼铜遗址，现场发现有红烧土和炼渣。湖北鄂城曾是孙吴前期的都城，在此设有铜镜制造业，冶铜在当时颇为兴盛。从器物种类和风格来看，这一时期主要是沿袭了两汉，种类上仍以日常生活用器为主，考古发现的随葬青铜器通常很少，且出土青铜器大多较两汉青铜器粗糙。这时的青铜日用器物进一步被陶器、瓷器和铁器所代替，风格以素面为主，外表较单一，仅少部分青铜器具有简单的弦纹，如铜洗饰有鱼纹，另有少量青铜器有鎏金。

到了隋唐时期，中央设有管理各种手工业的机构，通过少府监下的掌冶署管理，由掌治署“掌熔铸铜铁器物之事”。据文献记载，唐朝冶铜的处所已达90余处，这一时期的铜镜铸造业得到了高度发展，统治者对铜镜铸造颇为重视，如唐中宗时曾“令扬州造方丈镜，铸铜为桂树，金花银叶，帝每骑马自照，人马列并在镜中”。随着商品经济的发展，宋代的青铜冶炼技术和产量也有一定的发展。有些地区的炼铜规模相当大，尤其是胆水炼铜（即通过化学反应，用铁从硫酸铜溶液中置换铜）在宋代得到进一步发展与应用，其产量在整个铜产量中占的比重相当大。元代宫府设有负责金属制造的“出蜡局”，留存较多的是铜权。另外，这一时期铸造宗庙祭祀的铜器也多仿照商周青铜器，铜镜也多仿照汉唐，但总体上铜器的制作水平较低。

明清时期，在铸造货币和日常生活用器方面，更多的是使用黄铜代替青铜。黄铜是铜与锌的合金，黄铜的大量使用，与明代中后期起锌的大量炼制有关。除了黄铜，清代云南等地还盛产白铜，白铜为铜与镍的合金，在当时曾大量出口到欧洲。

第三章 铜的开采

铜矿种类众多，古人对矿物的认识经历了一个长期积累的过程，对此也有着大量的实践活动和丰富的文献记载。古代的铜矿开采是一个系统的工程，包括找矿探矿、矿井开拓、开采运输以及矿井内部的排水、通风和照明等技术环节，无论是在技术上还是在思想上，都体现出了古人智慧的博大精深。

一、铜矿及地质特征

1. 铜矿种类

中国的铜矿以斑岩型、矽卡岩型、铜镍硫化物型和火山岩型铜矿床为主，共占全国总储量的九成左右。在分布上，发现的古代铜矿大多在长江中下游地区，这一地带为中纬度区域，亚热带湿润季风气候，雨热同季，雨量充沛，光照充足，水系纵横，有着丰富的铜资源。我国东部的铜矿体产生于中生代侏罗纪和白垩纪时期的燕山运动（大约自2.1亿年前开始，至6500万年前结束），燕山运动是继印度支那运动之后影响范围最广泛的古地质构造事件之一，导致大规模的中酸性火山喷发活动和多期次的花岗岩侵入，从而形成岩浆岩地带。这种活动造成许多硫化物矿体发育较深和强烈破碎，在岩浆岩分布的空间生成了各种金属矿产，其中就包括有丰富的氧化和硫化铜矿。

地壳中铜元素的平均含量只有万分之一，但自然界的铜矿物多达两百余种，有开发价值的有十余种，铜矿资源大致分为大三类：自然铜、氧化铜矿（孔雀石、赤铜矿、蓝铜矿、黑铜矿和硅孔雀石等）和硫化铜矿（辉铜矿、斑铜矿、黄铜矿和铜蓝等）。其中，自然铜比较稀少，氧化铜矿比硫化铜矿藏量小，但由于埋藏浅且品位高，是古代最主要的开采对象。氧化铜矿上部的铜往往被氧化和流失，变成富铁矿，俗称“铁帽”，下面的矿藏由于淋滤作用，形成含量由上而下逐渐富集的特征。硫化铜矿床存在于氧化铜矿的下部，储量较大，但开采更困难。

自然铜呈红色，容易发生暗晦，表面常现绿色、蓝色、黑色及暗棕色表膜或斑污。一些自然铜是由辉铜矿、铜蓝等硫化矿再度氧化而成的，所以自然铜有与赤铜矿、黑铜矿、辉铜矿共生及有孔雀石等附着的现象。另一些自然铜则可能是含硫酸铜的溶液与铁的氧化物或氢化物作用的产物，存在于褐黄色致密块状的褐铁矿表面及空洞中。

氧化铜矿物大部分是由于地表风化作用或沉积作用形成的，矿物晶体多星片状或鳞片状，颜色较深，光泽较强。并且矿床形状复杂，品位较高，规模不一，以中小矿床为主，古代绝大部分铜矿都是这类氧化铜矿物。

孔雀石（$Cu_2CO_3(OH)_2$）是氧化铜矿物的一种，因颜色酷似孔雀羽毛的斑斓绿色而得名，英文名称为“malachite”，源自希腊语，意为“绿色”（图3.1）。中国古代称孔雀石为“绿青”“石绿”或“青琅玕”，大多是块状、钟乳状、皮壳状等，物理性能为半透明。长江中下游的孔雀石主要有两种存在形式，一种出现于岩体及围岩（石灰岩、大理岩、角页岩）中的铁帽表面或裂隙中。另一种出现在沥青色褐铁矿中，由赤铁矿和自然铜等氧化而成，为次生矿物，产于铜矿的氧化带。另外，孔雀石还常与另一种具有绀青和浅蓝色的蓝铜矿共生。

图3.1　孔雀石

赤铜矿为氧化亚铜（Cu_2O），英文名称为“cuprite”，颜色呈红色、暗红色、黑红色至铅灰色或黑色（图3.2），表面上常有绿色斑点或黑色的斑污，物理性能为透明至不透明，具有宝石光泽或半金属光泽。赤铜矿多为块状结构，为次生矿物，产于铜氧化带。赤铜矿中铜的含量高达88.82％，但分布范围比较小，常与自然铜、孔雀石等共生，可作为寻找原生铜矿床的找矿标志。

图3.2　赤铜矿

蓝铜矿为碱性碳酸铜（$Cu_3(CO_3)_2(OH)_2$），英文名称为“azurite”，颜色呈深蓝色或浅蓝色（图3.3）。蓝铜矿有琉璃或宝石光泽，物理性能透明至不透明，大都呈蕨叶状或叶状枝晶，也有成块状、葡萄状等。它与孔雀石成因相同，为次生矿物，产于铜矿体的氧化带，与孔雀石和褐铁矿共生。

图3.3　蓝铜矿

硫化铜矿位于氧化铜矿体下，蕴藏量比氧化铜矿物丰富。此类铜矿多呈金属光泽，多为不透明矿物，比重大，硬度低，含铜品位不高。其中，黄铜矿是主要的原生硫化铜矿物，另外次生硫化矿物有辉铜矿、斑铜矿、铜蓝等。

黄铜矿（$CuFeS_2$），英文名称为“chalcopyrite”。黄铜矿形成于硫化物矿床，是仅次于黄铁矿的最常见的硫化物之一，也是世界分布最广的铜矿物。黄铜矿集合体常为不规则的粒状或致密块状，通体黄色，金属光泽，不透明（图3.3）。黄铜矿表面常有斑驳的蓝紫色晕彩，条痕绿黑色。黄铜矿产于基性岩、热液矿体和接触交代矿床中，在外生条件下常变生其他次生矿物，如孔雀石、辉铜矿、斑铜矿、蓝铜矿等。

图3.4　黄铜矿

辉铜矿（Cu_2S），英文名称为“chalcocite”，呈暗铅灰色，风化后表面呈黑色，且常有绿斑（图3.5），物理性能为不透明，有金属光泽，暗晦后光泽顿失，非常暗淡。辉铜矿是一种常见的表生硫化物，多产于低温热液矿内，以硫化矿体的次生富集带中为最多。铜的硫化物中辉铜矿的含铜量最高，达79.86%，是提炼铜的重要矿物原料。辉铜矿共生的矿物主要有斑铜矿、黄铁矿、黄铜矿等，也与石英、方解石等共生于热液矿脉中，常见晶体为块状集合体。

图3.5　辉铜矿

斑铜矿（Cu_5FeS_4），英文名称为“bornite”。它是铜和铁的硫化物矿物，呈暗紫红色或暗铜红色，极易发生暗晦，暗晦后有彩色外膜，为蓝紫色（图3.6），物理性能为不透明，有金属光泽。斑铜矿含铜量63.3%，形成于热液成因的斑岩铜矿中，与黄铜矿、石英和方铅矿等矿物共生，也形成于铜矿床的次生富集带，但因不稳定而被次生辉铜矿和铜蓝置换。

图3.6　斑铜矿

铜蓝（CuS），英文名称为“covellite”，呈靛蓝色或暗蓝色，遇水则变为黑紫色（图3.7），物理性能为不透明，有金属光泽或松脂光泽。铜蓝产于硫化铜矿床的次生富集带，与黄铜矿、斑铜矿、辉铜矿共生，或沿围岩裂隙，以胶凝体状态或粉末状构造存在。

图3.7　铜蓝

2. 锡和铅

中国古代的青铜普遍含有锡和铅，这两种元素可以增强青铜器的硬度和韧性。最初的锡和铅可能是在铜矿石开采中混入所致，中晚期则是有意识地开采锡矿和铅矿，当作合金渗入铜制品中。

锡是具有银白色光泽的金属，也是古人较早发现和使用的金属元素之一（图3.8）。锡矿床大约形成于两亿年前的中生代，主要存在于SiO_2超过65%的灰岗岩中。虽然锡在地壳中的含量只有0.004%，但锡的熔点很低，只有232 ℃，锡矿石经高温还原很容易得到金属锡，这也是为何汉字中“锡”字是由“金”加“易”组成的原因，义为易炼的金属。目前已发现的含锡矿物有50余种，最常见的是锡石（SnO_2），大约在公元前3000年人类就认识了锡石，因为熔点较低，锡石被木炭火烧烫后，就会流出像银水似的锡液。

图3.8　锡石

锡与其他大多金属矿物不同，分布并不十分广泛，仅蕴藏于若干特定地区。中国西南至泰国、马来西亚、印度尼西亚、澳大利亚一带是世界上主要的锡矿带，其他锡产国还有玻利维亚、巴西和尼日利亚等。我国锡矿分布在东北赤峰、云南个旧、广西南丹等区域，这些原生锡矿床大致可分为锡与石英、锡石与硫化物两种类型。

目前已知最早的出土锡制品是希腊莱斯博斯岛塞尔米（Lesbos Thermi，位于爱琴海的东北端，临近土耳其）的锡手镯，大约在公元前3000年。而高锡青铜也是在公元前3000年左右出现在美索布达里亚地区的，当时的锡主要通过贸易获得。我国商周时期也出土有锡件，如安阳殷墟出土的锡锭、镀锡铜盔等。《山海经》中就有早期关于锡的记载，如“龙山……其下亦多锡”“灌山……多白锡”，虽然《山海经》地名难以考证，但比较一致的看法是这些地名都位于古荆州的西部，可能就是指云南和广西一带。我国古代关于炼锡的记载并不多，明代宋应星的《天工开物》对此记载最为详细：

凡煎炼亦用洪炉，入砂数百斤，丛架木炭亦数百斤，鼓鞴熔化。火力已到，砂不即熔，用铅少许勾引，方始沛然流注。或有用人家砂锡剩灰勾引者。其炉底炭末、瓷灰铺作平池，傍安铁管小槽道，熔时流出炉外低池。其质初出洁白，然过刚，成锤即折裂。入铅制柔，方充造器用。售者杂铅太多，欲取净则熔化，入醋淬八、九度，铅尽化灰而去，出锡维此道。

在古代，广西贺县一带以产锡著称，所以炼丹家也称锡为“贺”。明代产锡以广西南丹、河池为最盛，清代个旧锡矿就是锡的主要产地。《天工开物》提到的锡分“山锡”和“水锡”（图3.9），山锡应属坡积砂锡矿，水锡则是冲积砂锡矿。砂锡经淘洗富选后，送入竖炉中冶炼，常加入铅来降低锡的熔点，以便和渣分离（图3.10）。关于广西产锡的历史，《天工开物》也记载有：

图3.9　《天工开物》广西河池山锡和南丹水锡

（武进涉园据日本明和八年刊本）

凡锡，中国偏出西南郡邑，东北寡生。古书名锡为‘贺’者，以临贺郡（今广西贺县）产锡最盛而得名也。今衣被天下者，独广西南丹（今广西西北部）、河池（今广西北部）二州居其十八，衡（今湖南衡阳县）、永（今湖南江永县）则次之。大理、楚雄甚盛，道远难致也。

据历史文献记载，宋代元丰元年（1078年）产锡就已达2321898斤，其中广西贺州年产锡878950斤。对宋代铸钱遗址出土的炉渣研究也表明，当时中国广西冶炼的锡矿已经采用近代通行的“两步法”。采用该法进行锡冶炼，保证了锡的纯度和总回收率。

图3.10　《天工开物》“点铅勾锡”

（武进涉园据日本明和八年刊本）

另外，从中国早期铜器的含锡比重中也能看出使用锡的历史轨迹。铜器大致经历了从无锡、低锡向高锡、普遍含锡的发展。青铜时代，锡就成为青铜合金中的基本元素，二里头遗址出土的六件青铜器就全部含锡，殷商时期大多数青铜器的锡含量在9%～19%之间。含锡量最高者是安阳殷墟出土的铜镜，达到25.1%。中国青铜时代初期，锡就是青铜合金的基本元素，并从夏代的低含量发展到商前期的高含量。而锡也常与铅一起使用，形成了以高锡、高铅三元合金为主的合金体系。铜锡合金具有更为优良的机械性能和铸造工艺性能，锡青铜的出现以及铸造工艺的完善，使生产更加复杂的青铜器成为可能。

铅是灰白色金属，在地球上储量较大，占地壳总质量的0.001%。铅不但赋存较广，熔点也较低，大约只有327 ℃，因此也是人类最早认识和利用的金属之一。公元前3000年，埃及前王朝时期就已经有小型铅制人像，大约同一时期，美索不达米亚地区也出现铅制的小型容器。迄今为止，中国发现最早的铅遗物是河南偃师二里头遗址出土的铅块，大致属于夏代遗物。

铅矿有原生硫化矿和次生氧化矿两种。前者为方铅矿（PbS），后者主要有白铅矿（$PbCO_3$）和硫酸铅矿（$PbSO_4$），方铅矿是炼铅的主要矿物。我国大多数地区有规模不等的铅矿分布。由于铅质地软、强度低，且极易氧化，物理和化学属性皆不佳，所以不宜作饰物，也不能用于制造武器和工具等实用物品，它无法像铜和铁那样在社会经济发展中直接起到重要作用，但铅熔点低、流动性好，在青铜生产中具有不可忽视的地位。先秦青铜合金中铅含量的变化经历了由不普遍到普遍，由低含量到高含量的转变，这个过程至迟在商代早期就已完成，此后铅逐渐成为青铜器铸造的一种主要合金元素。

不过，尽管铅被作为合金元素广泛使用，但它通常作为添加剂的一种，无法与锡的地位相等同。早期青铜中，主要以铜锡合金为主。直到西周时期，铜锡合金占青铜器物的比例才逐渐降低，直至与铜铅合金比例接近。然而西周之后，铜铅合金所占比例又开始下降。这表明先秦时期，铅的使用没有锡普遍和稳定。

关于中国古代铅使用的文献，《尚书·禹贡》《管子》《淮南子》等均有记载。因为古代青铜器制造需要加入铅作为合金金属，用灰吹法炼银和炼锡时也需加入铅，所以铅也被称为“五金之祖”。

《天工开物·五金篇》记载铅分“银矿铅”“铜山铅”和“草节铅”，并论述其产地和冶炼方法。“银矿铅”大概是含银或与辉银矿共生的方铅矿，“铜山铅”为含铅多的金属石英脉矿，而“草节铅”应该是方铅矿。另外，《天工开物》提到铅有三种：“一出银矿中，包孕白银，初炼和银成团，再炼脱银沉底”“一出铜矿中，入洪炉炼化，铅先出，铜后随”“一出单生铅穴，取者穴山石，挟油灯寻脉，曲折如采银矿，取出淘洗煎炼”，这些记载大致反映了古代炼铅工艺（图3.11）。

图3.11　《天工开物》“熔礁结银与铅”图

（武进涉园据日本明和八年刊本）

二、世界铜矿遗址

人类最初利用的主要是自然铜（红铜），公元前7500年前的西亚穆赖拜特遗址（Mureybet，如今叙利亚境内）就发现有早期的铜器，其中包括有钻孔珠、铜锥和别针等，这些铜器基本上都是用自然铜的矿石直接打制而成的。公元前七八千年时期，伊朗西部艾利库什（Ali Kosh）地区的人们也已开始使用天然铜片制作铜珠。其他西亚地区也有类似使用自然铜的现象，不过由于自然铜储量非常少，大规模的使用铜就需要开采铜矿石进行冶炼。早期的冶铜技术是利用燃烧木炭从孔雀石等铜矿石中炼取红铜，其技术主要是源自石器制作和陶器烧制中的一些方法。

红铜虽然延展性好，可锻又可熔，但硬度还是不如石器，难以制作成工具，只有将红铜与适量的锡或铅熔铸在一起，才能使材料变得坚硬，于是便出现了铜锡等合金的青铜器。目前已知最早的含锡铜器，发现于两河流域（图3.12），当地居民在公元前2800年前后就已开始普遍用青铜制造斧、锯、刀、剑等工具和武器，铜器中的锡含量达到 8%～10%。

图3.12　苏美尔文明青铜像

（乌鲁克文化期，公元前3500年～公元前3100年）

埃及文明也很早就开始使用金属铜，在公元前4400年的拜达里文化（Badarian Culture）遗址中就发现有铜珠、铜针等小型制品，在公元前3700年的阿姆拉文化（Amratian Culture）遗址也发现有铜制手镯，这些铜器主要是以自然铜锻制而成的。在公元前3600～公元前3100年的格尔塞文化（Gersey Culture）遗址中发现有铜刀等武器，表明当时的古埃及人已掌握了冶铜技术，而这些技术可能是由西亚地区传入的。西奈、努比亚和布亨等地区发现有古埃及人开采和加工铜的遗迹，说明在古王国时期埃及已设有炼铜的作坊。另外，从一些古埃及坟墓的壁画和浮雕中，我们也可以了解古埃及人的冶铜情况（图3.13）。

图3.13　埃及第十八王朝（约公元前1500年）卡纳克神庙壁画中炼铜情景

（源自*Atelier des fondeurs de l'or des rothennou*，美国纽约公共图书馆藏）

公元前3000年，古埃及人除了生产铜制工具外，还能够制作铜雕像。格尔塞文化时期的铜铸造主要还是加工小型器物，到了中王朝时期，已经能够进行大型密封式器物的铸造，新王朝时期的青铜器铸造则更加普及并趋于繁盛。埃及周边地区具有丰富的铜资源矿，所以冶铜技术发展很快，不过由于锡矿资源的缺乏，导致埃及一直到中王国时代才出现铜锡合金青铜器。

印度次大陆现知最早的铜制品出现在哈拉帕文明（Harappa Civilization）前期的地层中，比阿富汗和巴基斯坦铜器要早。与美索不达米亚地区的文明相比，印度次大陆的铜器出现晚了大约一千年。不过，哈拉帕文明时期的铜器相当丰富，种类繁多,有如刀、箭、凿、斧、矛、鱼钩等甚至还有铜锅。在摩亨佐·达罗（Mohenjodaro）遗址还发现有带齿的铜锯，这可能是世界上最早的金属锯。

1. 提姆纳铜矿遗址

迄今为止，考古学家发现的年代最古老的炼铜炉位于提姆纳（Timna）铜矿遗址（图3.14）。提姆纳地处以色列南端，位于埃拉特（Eilat）北部和瓦迪阿拉巴（阿拉伯谷，Wadi Arabah）西部。在公元前4000年的铜石并用时代，提姆纳地区就已经使用石器开采赤铜矿、蓝铜矿、孔雀石等矿物。不过，那时的采矿技术还比较原始，巷道狭窄，进行采掘和提升等工作非常困难。在古矿洞里，随处可见古人遗留的各种石器及陶片，洞壁上还存有石器砸击的斑痕，据碳十四测年，这些古矿洞的开采一直持续到公元前3000年。

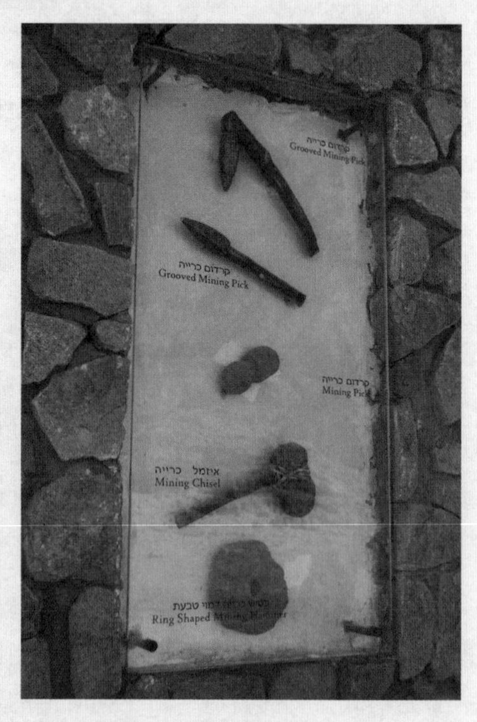

图3.14　提姆纳古铜矿遗址竖井（左）和采矿石器工具（右）

提姆纳铜矿39号遗址存有早期的炼铜炉，该遗址建在一座小山丘的顶部，用石块砌成，遗址内遗有木炭、炉渣等物。据推测，这里的炼铜炉内径约45厘米，高约80厘米。炉渣为硅铁系，含有较多钙，并夹杂有大量铜颗粒。分析结果显示其熔点为1180～1350 ℃，说明当时已经初步掌握了铁矿石或石灰石的造渣技术以及鼓风技术。由于这种铜炉比较原始，冶炼过程中不能使炉料完全熔化，渣铜分离不良，尚不能实现炉口排渣。冶炼完毕，必须毁掉炼炉，取出渣铜混合物，获得的铜颗粒还需进一步精炼才能使用。

2. 鲁德纳格拉瓦古铜矿

欧洲最早的冶铜活动，始于临近铜矿资源的地区，这些矿产资源多为易加工的氧化物和碳酸盐矿石，主要分布在巴尔干地区的群山和西班牙的南部地区。公元前4500年，在塞尔维亚的鲁德纳格拉瓦（Rudna Glava）地区，已经出现了开采铜矿的活动。当时的矿工们沿着矿脉，用简易的工具挖掘矿井，深至地下达60英尺（约18米），在随后几个世纪里，这里开采了大量铜矿石，使巴尔干半岛成为古代欧洲获取铜矿的重要来源地。

鲁德纳格拉瓦古铜矿（图3.15）主要是黄铜矿，矿体经氧化淋湿后，形成铁帽和含有孔雀石、蓝铜矿等氧化矿的富集带。这里是欧洲最早的铜开采和冶炼遗迹之一，考古学家自1968年开始发掘和研究该铜矿，先后发现古代采矿遗迹超过40余处。大部分遗迹分布在一座现代磁铁矿北部，靠近罗马尼亚，不远处就是现代欧洲最大的铜矿马伊丹佩克（Majdanpek）。

古铜矿的主要开采工具是石锤，这些石锤用附近河道中的天然辉长岩大卵石制成，石锤腰部磨有凹槽，用于捆绑木柄。石锤平均重2～4千克。已经发掘的石锤有两百多件，均留有严重的磨损痕迹，不少已经完全损坏，石锤等遗物的分布显示古矿的开采很可能是周期性的。遗址还发掘有鹿角镐，用于搬移松动的矿石。

矿井是通过在斜坡上挖掘一个水平入口的平台，然后挖掘一些狭窄的竖井通往矿脉，利用矿脉中的石英岩和石灰石，形成坚固的坑道壁，所以矿洞深且细。从开采遗迹来看，当时还使用了“火爆法”。矿工用火烧烤矿脉，再用陶罐泼水使矿石及围岩冷缩炸裂，然后把矿石采出。此外，矿工还用掘出的碎石修筑了支撑墙，以避免崩塌带来的危险。

图3.15　鲁德纳格拉瓦古铜矿

3. “铜岛”塞浦路斯

塞浦路斯（Cyprus）是位于地中海东部的一个岛国，为地中海地区的第三大岛。该岛是古代亚非欧三大洲交通要冲，也是地中海的交通和贸易航运中心，曾先后被古埃及、腓尼基、波斯、古希腊、古罗马、拜占庭以及奥斯曼土耳其等统治。目前该岛居民主要为希腊族人和土耳其人，其中希腊人占大多数。

公元前15~公元前14世纪，古希腊人开始移居塞浦路斯，地名“塞浦路斯”就出自希腊语，在希腊语中是“Cupros”，意为“产铜之岛”。目前，塞浦路斯并不是主要的产铜国，之所以被称为“铜岛”，与其铜矿在古代历史上的重要地位有关。塞浦路斯的铜矿（图3.16）含铜量高达6%，低的也有0.85%，其出产的铜，对古代地中海地区的文明至关重要，以至于西方不少铜矿物的名字都是从塞浦路斯演变而来的。

图3.16 塞浦路斯铜矿

塞浦路斯岛的铜矿主要为分布在尼科西亚（Nicosia）西南部的含铜黄铁矿。考古学家在对塞浦路斯的20多处铜矿炼冶遗址研究后认为，古代塞浦路斯在青铜时代晚期、希腊时代早期、罗马时代晚期到中世纪拜占庭时期，一共经历了四次产铜的高峰（图3.17）。直到20世纪50～70年代，塞浦路斯的铜矿开采又再次迈入了短暂的高峰期。

塞浦路斯开采的铜矿主要是硫化矿石，炉渣有富硅和富铁两种类型。由于近代的大量开采，塞浦路斯古矿遗址遭到破坏，包括矿井支护、采矿工具等大多被毁。考古学家和地质学家通过对古铜矿遗存的长期考察，基本上认定公元前2500多年前，塞浦路斯岛就已开始炼铜。塞浦路斯岛虽然曾被许多不同文明统治过，但是直到公元4世纪，其铜矿仍一直在稳定地开采。在前后3000多年的时间里，这里共生产了约20万吨铜。

图3.17　塞浦路斯铜牧羊杖（约公元前11世纪）

三、中国古代的采铜

1. 古代文献中的“采铜”

中国古代金属矿的开采始于新石器时代晚期的铜石并用时代，采铜业的发展大体也经历了三个阶段：一是仰韶、龙山文化时期的萌芽期；二是商周时期的高涨期；三是两汉到明清的继续发展期。第一阶段迄今都未发现采铜遗址和明确文献记载，只有《史记·黄帝本纪》记载“黄帝采首山铜，铸鼎于荆山下”“帝采首阳山铜铸剑，以天文古字铭之”，首山也就是如今的山西永济，属于中条山西麓。这些记载虽然只是传说，但也是上古时期先民采铜和铸铜情况的某种反映。

先秦著作《山海经》比较详细地记载了战国以前我国的矿产开采情况，该书中提到的常见矿物有七八十种，矿产地30余处，分成金、石、玉、土四类。其中的《五藏山经》记载了甘肃、山西、陕西、山东、河南、河北、湖南、湖北、江西和江浙地区的各种金属和玉石矿山，其中铜矿就有50余处，书中还对一些矿床类型和不同金属的共生情况进行了介绍。如其中的《北山经》提到“轩辕之山其上多铜”。另外，《山海经》还介绍了如何根据矿物的硬度、颜色、光泽、透明度、磁性等性能来识别矿物，反映了先民对地质构造观察和矿物知识的积累。另一部先秦著作《管子》也记载：“凡天下名山五千二百七十，出铜之山，四百六十七山，出铁之山，三千六百九十山。”可见，当时铜矿山的分布已经相当广泛。

汉代时，铜矿的开采规模已经很大，《汉书》记有：“今汉家铸钱及诸侯官，皆置吏卒徒，攻山取铜铁，一岁功在十万人以上。”到了明代，采铜业已经有了作业场，文献中也有对矿山作业场的详细记载。清代的采铜炼铜以云南、四川、贵州为最盛，据吴其睿《滇南矿厂图略》记载，当时采矿的坑道被称为“硐”，由坑木支撑。照明使用油灯，通风需要开凿“风洞”及设置“风柜”，排水用皮袋提背或使用“水龙”（即筒），大矿往往需要一两千人轮番运作（图3.18）。

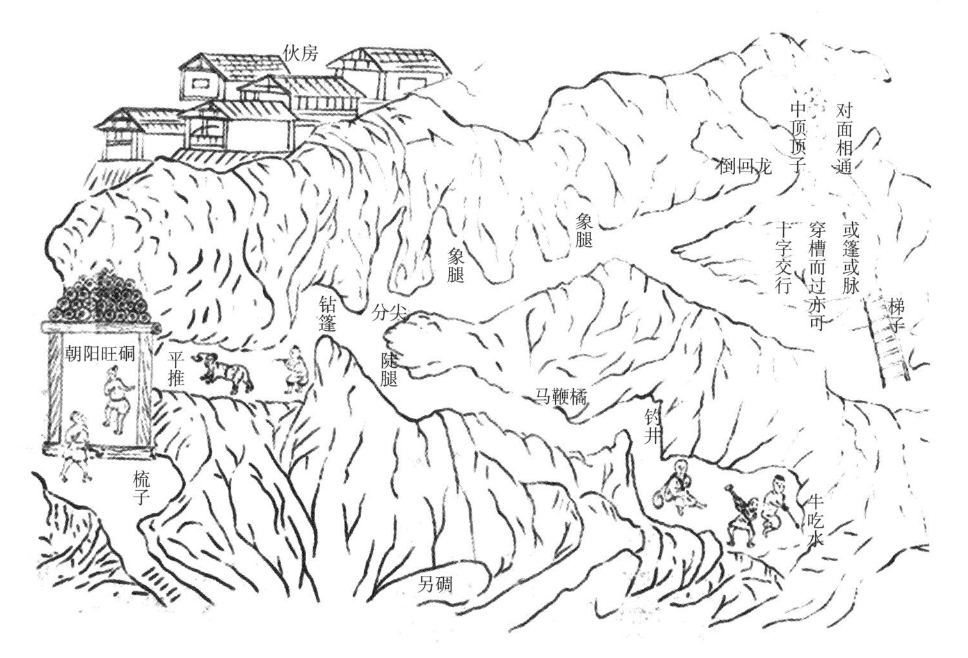

图3.18 《滇南矿厂图略》中的采矿场景

（中国科学院自然科学史研究所图书馆藏）

由于铜在中国古代的生产、生活中具有重要地位，因此文献记载中有不少因铜得名的地名，这也从一个侧面反映了中国古代铜矿开采的历史。如今含有“铜”字的地名不少，特别是在已发现先秦的地区的名称中有很多与铜字有关，如瑞昌铜岭、大冶铜绿山、安徽铜陵等。古籍文献中对此也有不少记载，如现存最早的古代总地志唐代的《元和郡县志》就提到：“铜井山，在南陵县西南八十五里，出铜。”宋人王象之的《舆地记胜》也记载：“铜山在繁昌县东南五十里，出铜，古所谓丹阳铜也。”《太平寰宇记》记载：“铜陵县有铜山，在县南十里，其山出铜。”这里的铜山即如今的铜官山。《吴兴掌故》也记载有：“铜官山下有两坎铜井，井深数丈，方圆百丈，即吴王采铜之所，白杨山上有两穴为采铜处。”

2. 江西瑞昌铜岭铜矿遗址

瑞昌铜岭铜矿遗址是我国迄今发现的年代最早且保存完整的大型铜矿遗存(图3.19)。该遗址位于江西北部瑞昌市夏畈镇幕阜山东北角，1988年开始发掘，遗址分为采矿区和冶炼区两部分。其中，采矿区东西长约385米，南北长约190米，分布范围为椭圆形，面积约七万平方米，发现有采坑、竖井、平巷、选矿槽、炼炉、工棚、大量竹木及石质等工具以及用于矿山提升的木制滑车，这也表明早在数千年前我国就已将木制机械用于矿山开采。冶炼区发现有春秋时期的炼炉两座。

考古学家根据出土陶器器形及坑木的碳十四测年，表明瑞昌铜岭铜矿遗址开采年代距今约3300年，开始于商朝中期（约公元前14世纪），发展于西周，盛采于春秋和战国早期（约公元前5世纪），前后开采达千余年。

图3.19　瑞昌铜岭铜矿遗址

铜岭矿区交通便利，往北几千米即是长江南岸的码头镇，往西北几十千米是湖北省大冶铜绿山铜矿遗址。铜岭为铜铁共生矿床，赋存于泥质灰岩与粉砂岩之间的破碎带，全长480米。矿物经风化淋失，次生富集而成，均含铜品位超过10%，甚至部分单块孔雀石矿石含铜品位可达百分之几十。

铜岭遗址采矿区发现有坑采区和露采区，其露采区在国内同类遗存中非常罕见。人们通常把采矿方法区分为露天开采和地下开采两种。人类最早采用的就是露天开采矿石，从新石器时代到夏代，我国开采金属矿都是以露采为主，考古发掘的铜岭和铜绿山这两个商代铜采矿场，都采用了露采。地质勘探资料和考古发掘显示，铜岭遗址露采区主要分布在矿体南坡，坑采区主要分布在北坡。露采区开采实行分区分期开采，重点是开采矿体厚、品位高、覆盖层薄的区域。坑采是与露采与相互结合进行的，先通过露天开挖井口和露天槽坑，再由槽坑的尾端开凿竖井，槽坑的两侧均有抗压木桩（图3.20）。

图3.20　铜岭遗址中遗存的井巷

遗址出土有商朝木滑车，是我国现存最早的提升机械实物（图3.21）。木滑车的使用对于节省人力和提高生产效率起着重要的作用。这种机械装置，过去认为最早在汉代采用，瑞昌铜岭山的发现则将木辘轳的使用时间大大提前了。遗址中还出土了西周时期采用的流水分节冲洗选矿木溜槽。溜槽的原理是利用矿石颗粒在斜向水流中的运动状态的差异分选矿石，可用于除去废物，提高矿石纯度，这一实物比宋代史书才开始记载的“分节选矿法”要早很多。

图3.21 铜岭出土商代木滑车

（源自《中国科学技术史·图录卷》）

3. 湖北铜绿山铜矿遗址

铜绿山古铜矿遗址位于湖北大冶市城区西南约四千米，是新中国成立以来的重大考古发现之一，是全国重点文物保护单位（图3.22）。铜绿山遗址于1973年发现，其规模之大，生产时间之长，保存之完好，是迄今为止较为罕见的一处古铜矿遗址。考古发掘表明，该遗址从商朝就开始了开采和冶炼，历经西周、春秋战国，并一直延续到西汉，历时千年之久。据统计，该遗址地表遗存的古代炼渣就达40万吨以上，清理出商周至西汉年间不同结构和支护方法的竖井、斜井四百多座以及上千条平巷。此外，还有一批春秋早期的炼铜竖炉和各类生产工具，如铜质的斧、锤、锛等，木制的铲、锹、桶等。

铜绿山矿区铜矿储量大、品位高，且大部分矿体接近地表，包含大量的自然铜、赤铜矿、孔雀石和蓝铜矿等矿物，在矿体及围岩破碎带内形成氧化富集带，含铜平均品位在6%以上，甚至部分孔雀石矿脉厚达10米。铜的表生矿物除以孔雀石（含铜的碳酸盐矿物）为主外，还有自然铜和赤铜矿（氧化亚铜），古人在开采铜矿石时，以利用氧化矿石为主，但有些含硫的混合矿也会被利用。

铜绿山矿区为松软破碎的地质构造带，为开采矿石凿岩提供了有利的条件。开采区域中，西周前期的井巷主要分布在发掘区西北部，战国早期的井巷则分布在发掘区东北部，为发掘区地势较高的区域。

图3.22　铜绿山铜矿遗址矿井场景复原

探矿方面，铜绿山是采用浅井探矿和利用淘沙盘进行重砂测量。考古发掘表明，古矿井大都处在含铜品位高的氧化富集带内，说明当时的探矿方法实用有效。开采技术采用了木支护结构井巷进行地下开采，深度三四十米，有的深达60余米，低于当地的水位。井巷发掘出遗存的铜斧、船形木斗等工具（图3.23），表明这里在先秦时期就已经运用了重力选矿和多种手段联合开拓采矿的技术，并初步解决了通风、排水和照明以及巷道支护等一系列复杂的技术问题，这些出土文物真实反映了当时的铜矿开采水平。

图3.23 铜绿山出土船形木斗

（源自《铜绿山古矿冶遗址》）

铜绿山遗址的一个显著特点是采冶结合，这里在春秋早期就已采用鼓风炉炼铜，遗址内遗存的古代炼渣呈薄片状，冶炼温度控制在1200 ℃，炼渣含铜低于0.7%，产出粗铜纯度达到94%，说明当时这里的冶炼技术业已达到较高水平。

4. 铜陵古铜矿遗址

皖南地区铜矿遗址群年代涵盖西周至唐宋，其中以芜湖市南陵县和铜陵市交界地带的大工山、凤凰山、狮子山、铜官山等处最为集中。主要遗址包括南陵江木冲和铜陵凤凰山、木鱼山的西周古铜矿遗址、铜陵金牛洞西汉铜矿遗址等。史书记载，西汉唯一设有铜官的地方就在皖南，汉代丹阳以产“嘉铜”“善铜”闻名遐迩。在汉代铜镜的铭文上常有“汉有善铜出丹阳，和以银锡清且明”“新有善铜出丹阳”之类的铭文（图3.24），这里提到的丹阳就是如今铜陵地区。

铜陵地区有大小铜矿近数十处之多，其中年代最早的是木鱼山、凤凰山等西周古铜矿遗址。据碳十四测年，木鱼山遗址的最早年代为距今2882±55年，树轮校正为距今3015年。1974年，当地群众在此取土时发现一件铜鼎和陶罐以及数块铜锭。这些铜锭均为棱形，呈铁锈色，总质量有100多千克。测试结果表明这是硫化铜冶炼的遗物——冰铜（也叫铜锍，通常含铜20%～70%，含硫15%～25%）。据文献记载，我国古代硫化铜采冶技术最早见于宋代，铜陵冰铜锭的发现（图3.25），将我国硫化铜采冶历史大为提前。

图3.24　“新有善铜出丹阳”铭文铜镜

图3.25　冰铜锭

凤凰山铜矿遗址位于铜陵市凤凰山一带，以金牛洞古采矿区、万迎山古冶炼区以及罗家村的大炼渣为核心。金牛洞古采矿区发掘出古代采矿竖井、平巷、斜井和生产用具，时代跨度为春秋至西汉时期。此外，罗家村有一块方形大炼渣，为唐宋时期炼炉放渣的遗存，形体之大，非常罕见。

除了早期的铜矿遗址，唐宋时期也是铜陵铜矿开采的高峰时期。李白在《答杜秀才五松山见赠》中描述："铜井炎炉歊九天，赫如铸鼎荆山前。陶公矍铄呵赤电，回禄睢盱扬紫烟。"北宋诗人梅尧臣也曾作《铜官山》诗："碧矿不出土，青山凿不休。青山凿不休，坐令鬼神愁。"这些都反映出当时铜陵采铜之盛况。不过，受到古代技术条件的限制，在高品质铜矿开采完毕以后，整个大工山、凤凰山遗址在宋代之后便逐渐停止了开采。

5. 内蒙古赤峰大井古铜矿遗址

内蒙古赤峰大井古铜矿遗址位于内蒙古自治区林西县官地镇，赤峰地区曾是"红山文化""夏家店文化"的发源地，东胡、契丹等古代北方游牧民族也曾在此生活。据碳十四年代测定，大井遗址属于夏家店上层文化，时代约为西周中期至春秋早期。该遗址是我国目前发现年代最早的一处集采矿、冶炼和铸造一体的古铜矿遗址，也是国家重点保护的青铜时代遗址之一。

大井铜矿遗址于1974年发现，遗址主要集中分布在山岗和坡地上，有建筑工棚、冶炼坩埚和采矿坑等遗迹（图3.26）。该区域的铜矿类型属裂隙充填式，有矿脉百余条，矿石主要为含锡石和毒砂的黄铁矿—黄铜矿，储量占全矿的95%以上。发掘表明，古矿区面积约2.5平方千米，地表可见古采坑47条，可见当时采矿规模之大。坑道与坑道之间互不相通，各坑道均形成单独的作业区，据不完全统计，开采长度累计达1570米，最大开采长度200余米，最大开采深度也有20米。

通过遗址4号坑道的发掘，发现规格不等的完整石制锤、镐、凿等采矿工具1500余件，所有石器均较笨重，做工比较粗糙，石料为天然砾石。4号坑道还发现多处冶炼址，内遍布坩埚残片，坩埚为草拌泥烧成，呈红褐色。从坩埚壁炼结程度分析，冶炼炉温在1000 ℃以上。此外，还发现较为完整的陶制兽首形鼓风管，其造型朴实浑厚、陶质细腻、制作精美。管首下部稍残，管首通风口周围胶结有冶炼焦渣痕。遗址还出土有陶范残块，其中三块内印旋纹，两侧刻有合范符号，有商周时期陶范的基本特征。

图3.26 大井古铜矿遗址

遗址4号坑道西北300米处山坳台地上，遍布有冶炼焦渣，炼渣内含铜成分超过1%，且含有锡、铅等成分，说明当时冶炼技术还很低。作为我国已知年代最早的利用共生矿直接冶炼青铜合金的遗址，大井铜矿石含共生锡石，遗址附近还发现有锡矿砂，这些发现也为破解我国商周时期锡青铜制造用锡来源之谜提供了重要的线索。

四、找矿与探矿

1. 植物指示找矿

找矿是体力活也是技术活，通过植物来为找矿“指路”，是沿用至今的传统方法之一。为什么有些植物能够指示矿产资源的存在呢？这通常有两种原因：其一，植物在生长发育中通常需要某些特定矿物元素，例如对某种金属有一定的依赖性，喜欢生长在富含这种金属的土壤中，这种依存关系就成为寻找矿藏的重要线索。其二，植物如果长期生长在蕴藏某种矿物的区域，地下的金属矿体经过地下水长时间地溶解、冲蚀和搬运，使得表层土壤富含此类金属元素，这些元素在离子状态下可以逐渐被植物吸收利用，从而在植物生长状况中表现出不同的特征来。部分金属矿藏能给植物染上特殊的颜色，如铜元素进入植物体后就能使植物的花朵呈现出蓝色。

古人在植物指示找矿上就积累了丰富的经验，如南北朝《地镜图》记有“草青茎赤，其下多铅”；唐代小说《酉阳杂俎》记有：“山上有葱，下有银；山上有薤，下有金；山上有姜，下有铜锡。”近代欧洲人也曾根据一种叫“维斯卡利亚”的植物，找到了埋藏在地下几千米处的铜矿。

在安徽有铜矿分布的地点则发现有一种名为海州香薷的植物，这种植物并被地质人员称为“铜草花”。铜草花俗称“铜锈草”或“牙刷草”，学名“海州香薷”（Elsholtzia splendens Nakai）。1951年秋，地球化学家谢学锦院士和徐邦梁到安徽安庆怀宁县月山镇采集土壤和岩石时，铜矿区内一种长得特别茂盛的植物引起了他们的注意，这就是海州香薷（图3.27）。这种植物，其花蕾似柱状，每至深秋颜色泛红，对其进行分析后发现，植物体内铜含量非常高，是一种“喜铜”植物，这也成为我国通过科学方法论证和发现的第一种找矿指示植物。

图3.27 “铜草花”海州香薷

2. 矿物颜色及共生找矿

地表风化的矿砂常因颜色鲜明而容易被人辨识，如红色的铁矿石、蓝色或绿色的铜矿石等，通过颜色辨认是矿物的另一种方便的找寻方式。铜矿石中较为常见的是孔雀石。孔雀石是一种翠绿色、有光泽的铜矿，因其色泽犹如孔雀羽毛，故冠以“孔雀石”之名。清代倪慎枢《采铜炼铜记》记载有：“铜矿充于中而见乎外……视山崖石穴之间，有碧如缕，或如带，即知其为苗。”这里提到的苗就是矿脉微露之处，一个垂直的矿体或矿脉，山上露头处的矿物可能对下面赋存的矿产起到指示作用，这种指示矿物在古代称作“苗”或“引”。“碧”就是绿的石头，包括孔雀石等各类氧化铜矿物。

《本草纲日》也介绍孔雀石：“石绿生铜坑中，乃铜之祖气也，铜得紫锡之气而绿，绿久则成石，谓之石绿。”清同治六年（1867年）《大冶县志》记载“铜绿山在县西马叫堡，距城五里，山顶高平，巨石对峙，每骤雨过时，有铜绿如雪花小豆点缀土石之上，故名。”可见，古人在根据颜色寻找铜矿方面已经有了丰富的经验积累。

此外，古人根据颜色甚至能判断铜矿的种类和品质。清人吴其浚《滇南矿厂图略》中有关于云南铜矿石颜色的描述，其中绿色铜矿石还分很多种类，如“豆青绿”“黄斑绿”“墨绿”“穿花绿”和“松绿”等，其中前三种铜含量较高。清代安徽望江人檀萃在《滇海虞衡志·金石》中记载：“（铜）矿之最佳者曰绿锡镘，炼千斤则铜居五六，次曰白锡镘，灿头锡镘，再次硃矿锡镘，铜居三四。”由此可见，古人根据矿石颜色就能初步判断铜矿品质。

除了根据矿物颜色找矿，还可以根据矿物共生原理找矿。中国的先民们就已充分掌握了这些方法，先秦时期的不少著作就有矿物共生理论的记载。如春秋时期管仲所编纂的《管子·地数篇》记有：“上有丹砂者，下有黄金；上有慈石者，下有铜金；上有铅者，下有银；上有赭石者，下有铁；上有陵石者，下有铅、锡、赤铜，此山之见荣者也。”文中的“慈石”就是铁帽（硫化物矿床在地表氧化带的残留部分，主要是铁的氢氧化物和含水氧化物，铁帽是寻找各种硫化物矿床的重要标志）。先秦的很多铜矿为铜铁共生矿床，上部大多为铁帽区，它标志着在铁矿床之下有铜金属的存在。《山海经·五藏山经》也记载有铜山“其上多金、银、铁”“上有玉，则下有铜”等。这些先秦文献都介绍了某些矿物之间的密切关系，揭示了这些金属矿产垂直分布的现象。

3. 探矿方法

早期铜矿开采经历了一个地表直接采矿阶段，但毕竟地面裸露的矿石量很少，如果要采掘埋藏在地表以下较深处的矿石，就需要有一定的探矿方法。一般是待矿山的方位初步确定后，就要进行具体的探矿工作，来探明矿体的位置与走向。

在商代，探矿就至少有几种方法，一种是淘沙法，也就是重砂探矿法。重砂探矿法是利用淘沙盘对软岩层取样，用水淘洗矿石后，留取碎屑矿物进行观察，根据其中矿石碎屑的成分和数量的差异，来寻找所需的矿物。铜岭和铜绿山等古矿赋存有大量粒状孔雀石，即“铜绿”，古人将其作为寻找铜矿的重要指示。雨水冲刷往往把铜绿显露出来，这可能启发了重砂探矿法的发明。为了保证探矿质量，当时使用了竹或木制的淘沙器皿，用水选法确定铜矿石品位。淘沙器专用工具有船形、斗形、椭圆形和瓢形等，竹制的工具则有编织精细的竹盘。

另一种是探井和探槽探矿工程法。探井是用于探矿的竖井，一般比用来提升矿石的井要窄小，铜绿山古铜矿发现的250多口矿井中，其中就有一部分断面很窄小，据推测就是用于探矿的。探槽是露天开掘的槽坑，可用于与竖井联合开采，可边探矿边开采。如铜岭遗址就是先开凿探槽，在探挖过程中，若发现富矿，再打竖井，进行竖井开采。槽坑长度为760厘米，宽度为140厘米，深度为56厘米，槽坑两壁打入木桩，作为挡土墙。此外，还有一种浅井和短巷混合的斜井（又称为阶梯式斜井，图3.28），斜井开采灵活方便，很适宜沿着次生富集带追逐矿脉形态多变的自然铜、孔雀石等矿物，而且斜井还可以作为中段平巷的联络通道。

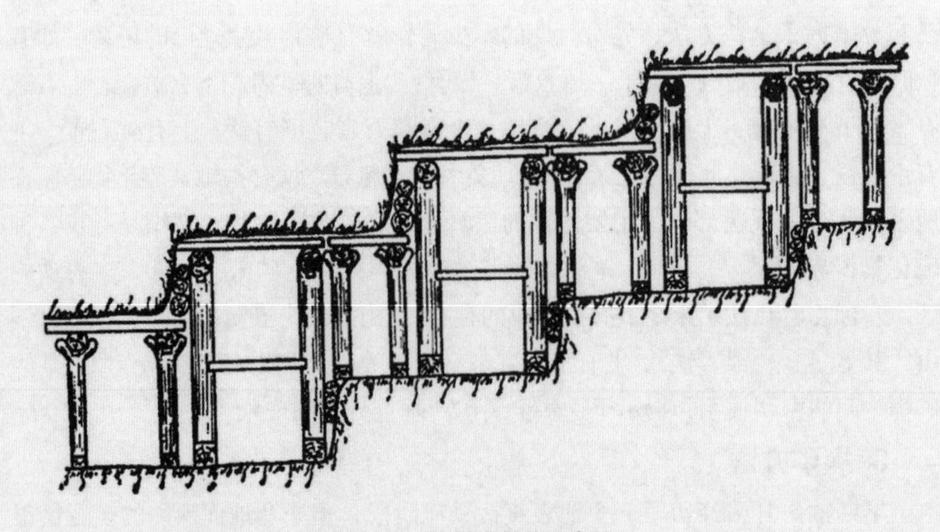

图3.28　阶梯式斜井示意图

五、铜矿床开拓法

古代常见的矿山开拓法分为露采、竖井开采和井巷联合开拓。早期以露采为主，大约在新石器时代至夏代，我国铜矿的开采大都为露采。到了商代，古人已经熟悉围岩的地质条件，开始用木框支护井巷，保证采矿的顺利进行。凿岩的工具主要是小型锛、凿类等铜质工具，这类工具与木柄相配套，成为采矿的主要工具，这些工具对于减轻劳动强度、提高效率及加强围岩支护和坑井安全都起到了重要作用。而铜矿的开采利用和青铜铸造技术的提高，反过来也为采矿工具的发展创造了条件。商代晚期出现了井巷联合开拓法以及规范化的井巷支护方法，这些都标志着我国采矿技术基本成熟。

1. 露天采矿

露天采矿是在矿物露头的富集处挖取矿物，是一种完全暴露于地表的采矿。人类最先开采的铜矿是露在表面的氧化层，这符合由浅入深的渐进式采掘过程。露天开采的优点是对铜矿资源利用充分，回采率高，贫化率低，但需剥离大量废石。

考古发现，石器时代黄河流域就已大规模地进行露天开采铜矿了。商代的铜岭和铜绿山等古铜矿也都曾进行过露天采矿，就铜绿山古代露天采矿场的分布来看，露天开采的范围大都在经氧化的铜矿体露天部分，很少出现在铁帽区域。

西周时期，露天开采技术有了较大的发展，不同于商代铜矿主要在比较松软的矿体内开采，开采于西周时期的大井古铜矿已经可以在坚硬的矿体中较大规模地采铜了。大井古铜矿的露天开拓采用了凹陷露天矿，沿矿脉走向采凿露采，露采封闭圈最长者达500余米，最宽达25米，深度一般七八米，最深达20米。因矿脉陡急，为减少剥离量，采取陡坡开拓，所以边坡相当陡峭。大井古铜矿还采用掘沟与坑采结合，在露天采场底部进行平硐开拓，这样既可以采掘底部的富矿，又能省去另开废石堑沟的工作。排土场安排在靠近露天采场的废矿坑或露天采矿场两边，以缩短运输距离。

2. 地下采矿

受到地质条件的限制，露在地表的矿体大都是“铁帽”，所以露天铜矿很少。当开采到一定深度，就需要转为地下开采。考古资料表明，商代的地下开拓方法主要有两种：一种是单一开拓法，即以竖井、斜井和平巷中的单一方式来开拓巷道；另一种是联合开拓法，即用两种或两种以上的方式来开拓巷道。这些开拓方法都是为了从地表向地下开掘通达矿体的巷道，形成有效的提升、运输、通风和排水系统。西周时期，地下开拓方式与商代基本类似，变化不大。

单一开拓法又有两种方式：一是竖井开拓法。井筒断面一般近似矩形。如铜岭的井净断面多为70厘米×90厘米，井深只有几米，为单一浅井开拓。这种单一竖井所处的矿石埋藏较浅，矿层极薄，矿石采完即开拓结束。二是斜井开拓法，斜井开拓法可用于追踪地表露头且倾斜延伸的矿层。

联合开拓法有三种方式：一是槽坑与竖井联合开拓法，这是一种边探矿边开拓方法（图3.29）。如铜岭遗址就有采用了先在山坳地表开挖半地穴露天槽坑，然后从槽坑尾端向下开挖井筒追踪富矿的方法。二是竖井、平巷和盲竖井联合开拓法，这种方法与第一种相反。采用先凿竖井，然后在井壁一侧开凿很短的独头平巷，在巷端底部再凿盲竖井，铜绿山遗址就采用过此种方法。三是竖井、斜巷和平巷联合开拓法，这种方法是根据地形和矿体相互关系，从山脚顺矿体至山腰分步实现开拓，铜岭遗址有一小部分采用此种方法（图3.30）。

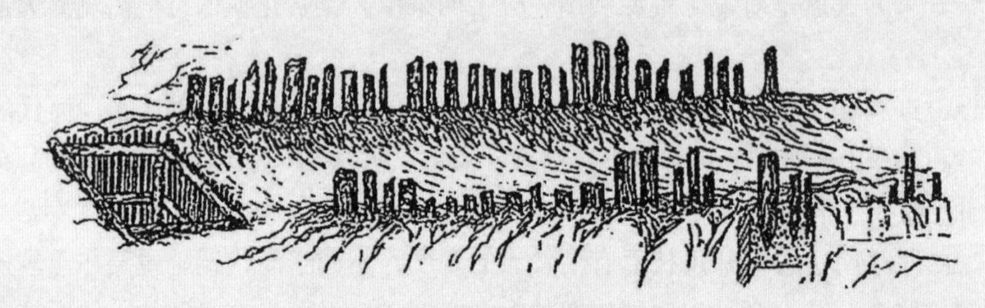

图3.29 槽坑与竖井联合开拓法

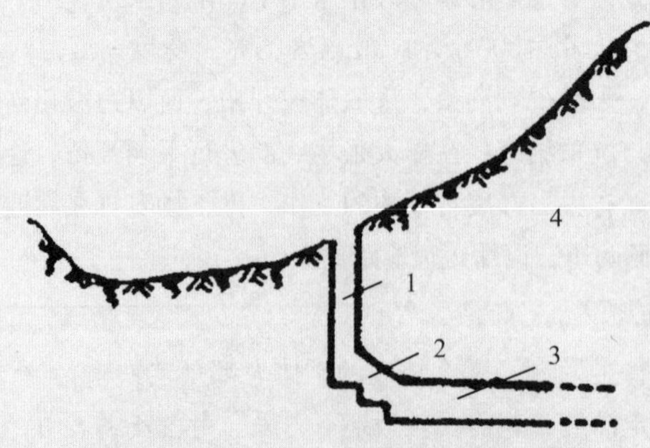

图3.30 铜岭竖井、斜井和平巷开采示意图

（1. 竖井；2. 斜井；3. 平巷；4. 矿体）

在铜矿开采过程中，为了控制地层的顶压、侧压、地鼓以及维护井筒或巷道围岩稳定，避免采空区坍塌，古人还摸索出一套行之有效的支护方法。最基本的井巷支护就是木架支护，即沿竖井井帮或巷道道帮用木材、竹材等构筑成支架（图3.31）。

图3.31　铜岭井巷

早期矿山的支护借鉴了房屋建筑中的木构梁柱技术。井巷支护常用竹或草编织的席背，保护井筒和巷道顶棚或两帮，防止围岩下塌。席是以编织技术为基础的，大约出现在旧石器时代晚期至中石器时代，至少不晚于新石器时代早期，目前最早的席类实物为浙江余姚河姆渡遗址出土的（距今约7000年）。

商代中期，我国南方矿山平巷支护开始采用木构件架成“厢”，即框架式结构（图3.32）。框架断面呈矩形，由一根顶梁、两根立柱和一根地袱四根木构件组成。这种按构件节点的构造与接合框架形式，又可分为多种类型。总体上，商代支护的稳固性较差，方法较为简单原始，到了西周时期，支护技术已发展较为成熟（图3.32）。

图3.32　铜岭木框架结构

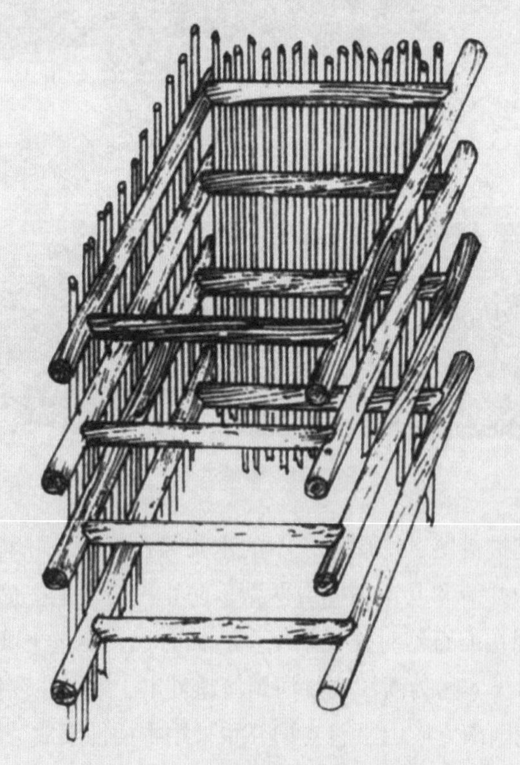

图3.33　商代铜岭竖井支护意图

3. 采矿工具

铜矿井巷作业的主要内容有：破碎矿石、井筒和巷道支护、矿石的装载和提升等。常用的采矿工具包括采掘工具、装载工具和提运工具，另外还有排水、通风和照明等辅助工具。

采矿最基本的工具是采掘工具，最初的采掘工具基本是由农具演变而来的。随着青铜采掘工具的运用，矿山井巷的采掘深度也有了新的突破。商代各铜矿遗址中都有不少采掘工具出土，如江西铜岭遗址共出土采掘工具6件，包括铜锛、铜凿以及相配套的木柄（图3.34）。铜绿山遗址也出土商代采掘工具5件，包括铜斤、铜锛等。

西周时期，采掘工具依旧以铜器和木石器为主，但种类明显增多。在湖北铜绿山、港下，江西铜岭，安徽铜陵等处，采矿专用铜制工具有斤、锛、锄、镢、斧等，这些工具皆为合范浇铸；木工具则有锤、锛等，也多为整木削制而成。当时的青铜采掘工具主要是中小型采掘器，适合在空间狭小的区域操作。西周的采空区较小，矿工通常只能屈蹲前进作业，从清理的竖井和平巷来看，井筒四壁和巷道四周的围岩都修整呈平壁，以便使用规格统一的木构件进行支护。中型采掘器则有青铜锛，为直柄竖装，用其垂直凿井和切削井巷四壁都很方便。

图3.34　铜岭出土铜凿、铜锛和铜镞

铜矿石破碎后还需要装载和提升，铜岭和铜绿山出土的商代装载工具主要是用于铲矿的木锨、木铲和木撮瓢以及用于盛矿的竹筐（图3.35）。诸多研究表明，这些工具取材方便，制作简单，质轻价廉，适用于采掘后的矿粒及废石松散体的铲装工作，在我国古代矿山中被长期使用，只是在工具的器形上略有变化。西周时期的矿山铲矿工具中，亦是木铲和木锹居多，形制多样的装矿工具则多为竹质，有篓、筐等。

图3.35　铜岭出土木锨和竹筐

（源自《铜岭古铜矿遗址发现与研究》）

早期的矿石提升都是靠人工用绳索从井中手提，到了商代已经不是单靠人力，而是使用木制滑轮等简单的机械装置。在提运工具使用方面，铜岭和铜绿山的则略有不同。铜岭主要使用木滑车和弓形木两种，铜绿山则有转向滑柱、扶梯、木构等（图3.36、图3.37）。其中，铜岭的木滑车在构造上也很有特点，其轴可形成滑动轴承，这种结构可以减少轴承与轴面的摩擦力。

图 3.36　铜岭出土的木滑车轴线描图

图 3.37　铜岭木滑车使用示意图

铜岭、铜绿山和港下等地，也发现有一些西周时期的矿山提升器械，包括木手提、木钩、绳索、木滑车等。随着矿井深度增加，也对提升技术发展提出更高的要求。很多“用力甚寡而见功多”的工具开始普及，如桔槔、滑柱、滑车等，大幅度地提高了工作效率。

湖北大冶、江西铜岭和安徽沿江地区均位于雨量充沛的地区，且春夏两季降水相当集中，地表水和地下水往往会给采矿带来不利影响。据估计，采矿时降雨、地表水和地下水涌入矿井的水量，通常是矿石采掘量的几倍至数十倍。为了防止水患，无论是露天还是地下开采都需要具备良好的排水系统。新石器晚期，地面排水技术已经相当成熟，一般采用沟渠和陶质管道，这为商代矿山排水积累了许多宝贵经验。

商代矿山地下排水主要采用提升法，也就是先将井下水汇集到水仓，然后将水吊至地面排走。商代的排水工具有木水槽和木桶等，前者固定于巷道，使水汇集到水槽流入水仓，后者用于将井巷低洼处的积水吊到地面。铜绿山和铜岭都出土有商代木桶，形制相似（图3.38、图3.39）。西周至汉代用于排水的各式木桶一般使用整木雕凿，早期木桶无系，中后期的一些木桶会凿孔或附耳，以便穿系（图3.40）。

图3.38　铜岭出土木桶

图3.39 铜绿山出土木桶

图3.40 铜绿山出土木撮瓢

（源自《铜绿山古矿冶遗址》）

西周时期，矿山排水技术臻于成熟，如铜绿山的西周排水系统就有直接排水、集中排水和分段排水三种。通常情况下井巷的地下水是经过水槽流到水仓中，然后再由水仓排至地面。但西周铜矿的开采深度大多在50米左右，一些水仓位于地下矿井的中段，需要分段排水，分级接力提升，才能最终将水提到地面。

矿井通风方面，由于商代矿井巷深一般不大，矿井通风方法主要靠自然通风，这一时期通风技术还比较简单，主要靠多个井口来增加进风量以及采用不同高低井口形成的进风和回风。西周时期，井巷已经有一定深度，井巷通风采用将两个以上的井筒连通，利用季节差异人工制造气温差产生风压，例如冬天低井口为进风井，夏天高井口为进风井，进出风井在冬夏两季轮换。此外，在没有自然风的时候，还需要人工制造温差产生风压。在铜绿山和铜岭遗址中，有的井底发现厚30厘米左右的竹材燃烧灰烬，为人工烧火遗存，这应该与通风有关。即通过井底燃竹加热，使井内的空气产生负压，以促进空气对流。

照明方面，商代的井下照明采用移动火把或固定火把，燃料有竹篾片和油脂等。铜绿山井巷发现了一些半剖细竹竿，一端有火烧痕，应该是竹火把，用于井下照明。这些火把可以移动，也可以插入巷壁，用于局部照明。遗址中还发现有竹筒式火把，筒口有火烧痕迹，另外还发现有油脂，可能是竹筒式火把的燃料。

4. 选矿方法

选矿是采矿的最后一个步骤，古人采矿通常是将矿石和泥沙一起运送到地面。在冶炼之前，还要淘去泥沙，去除废石。通常习惯上将选矿后所得矿物称为精矿，将矿物中的杂质称为脉石，选矿就是把矿物和脉石分离（图3.41）。

史料中关于选矿方法的记载很少，且时间都较晚，只有宋朝的《萍州可谈》和明朝的《天工开物》《菽园杂记》等书中有所提及。据《萍州可谈》记载："登，采金坑户止用大木，锯刻之，甚易得"，其中描述了宋代登州的金坑户，为了提高效率，将大木头锯开，使木槽断面保留锯痕，然后将矿石投入其中，用水冲洗，从而把泥沙给冲走。

考古发掘的先秦铜矿遗址中有大量选矿遗迹和遗物，当时的选矿方法主要有手工拣选和水选两种。手工拣选是凭经验人工拣出矿石或弃除杂质，其效率低下，不能满足大规模生产的需求。古代铜矿常用的是淘洗法，即以水为介质，利用矿物和杂质的不同密度，使矿物和杂质分离。淘洗选矿分为容器淘洗和溜槽淘洗两种，前者使用淘洗盘或淘洗筐等；后者则使用溜槽，溜槽又分为封闭式和活动式。图3.42所示为铜绿山矿石品位鉴别工具。

图3.41 《滇南矿厂图略》中的矿石筛检与运输场景

（中国科学院自然科学史研究所图书馆藏）

图3.42 铜绿山矿石品位鉴别工具（木杵、木臼、木水槽、木斗）

封闭式溜槽在铜绿山遗址有发现，是由一根大木凿成的，将矿石浸在水中，用木铲不停搅动，使得矿石和泥沙等杂质在水中分离，清除槽内泥水后，再人工挑出矿石（图3.43）。值得注意的是，铜绿山溜槽不是在地面作业，而是在井下选矿，随着井巷开拓面面积的增大，使得溜槽选矿工作可以从地面转到地下作业，这极大地减少了提运的工作量。

图3.43 铜绿山木溜槽（战国秦汉时期）

活动式溜槽在铜岭的西周遗址中就有发现，它利用矿粒在水流的斜向运动中的差别，对物料进行选别。矿粒在重力、摩擦力、水流的压力等联合作用下，可以按密度不同实现分离。铜岭的溜槽结构先进，构件设置合理，槽中部设有精矿截取板，可随时堵截矿料，避免矿粒出现拉沟或急流现象，并且可以调节水量，提高选矿效果（图3.44）。

图3.44 铜岭木溜槽

（源自《铜岭古铜矿遗址发现与研究》）

第四章

铜的冶炼

冶炼是通过化学和物理学方法将原料中的金属或非金属的元素化合物分开，从而提取矿石中金属的过程。中国古代冶铜技术有火法炼铜和胆水炼铜两种方法，前者是利用高温通过焙烧矿料得到金属铜，后者是利用化学方法以比较活泼的贱金属从硫酸铜等溶液中置换出铜。此外，在长期的生产实践中，古人还总结出了青铜合金配制的规律“六齐”。

一、古文献中的炼铜

有关炼铜的古代文献主要有三类来源，一是历代官修史书，记载有铜矿产地和开采年限以及产铜数量等信息，但通常对具体炼铜技术的记载极为简略；二是炼丹及中医典籍，有时会涉及铜的炼制，但内容玄奥难解，且这些技术无法用于大规模生产；三是笔记丛书等著作，这类文献的作者有些还曾负责铜政或考察过炼铜工场，相对记载详尽，在一定程度上能反映当时的炼铜技术。

现存关于炼铜技术的文献以宋代作品居多，主要有《大冶赋》《龙泉县志》等。两者体裁不同，前者是“赋”，引经据典，文词华丽却内容简略笼统，后者是地方志，相对准确而翔实。这两份文献相互印证，反映了宋代长江中下游地区冶炼硫化铜矿石的过程。

《大冶赋》大约成书于嘉泰二年（1202年）至嘉定六年（1213年）之间，作者是南宋著名的文学家洪咨夔（1176～1236年），据《宋史》记载：“洪咨夔，字舜俞，于潜人。嘉定二年（1209年）进士，授如皋主簿，寻试为饶州教授，作《大冶赋》，楼钥赏识之。”按《大冶赋》序“余宦游东楚，密次冶台，职冷官宋，有闻见悉篡于策。垂去，乃辑而赋之”，可知该赋是洪咨夔多次实地考察后编写而成的，全文2600余字，除了记载宋代饶州等地淘金、炼银和铸钱等技术外，也比较详尽地记载了当时的炼铜技术，此外《大冶赋》也是已知年代最早的记载有火法冶炼硫化矿石的文献（图4.1）。

《大冶赋》记载有三种炼铜方法，包括火法炼铜以及“浸铜”（即“胆水浸铜法”，指把铁放在胆矾，即硫酸铜中浸泡以置换出胆铜）和“淋铜”（利用胆土煎铜，基本原理与浸铜法相似）两种水法炼铜技术。其中内容有“始束缦于毕方，旋鼓鞴于燸怒……石进髓，汋流乳。江锁融，脐膏注。鉐再炼而粗者消，鈲复烹而精者聚。排烧而汕溜倾……”，此为最重要的火法炼铜记录，记述了硫化矿石的冶炼过程。从炼炉点火，开始鼓风，并且随着冶炼的进行，矿石融化，

“石进髓，沟流乳”，气势如“江锁融，脐膏注”等环节。

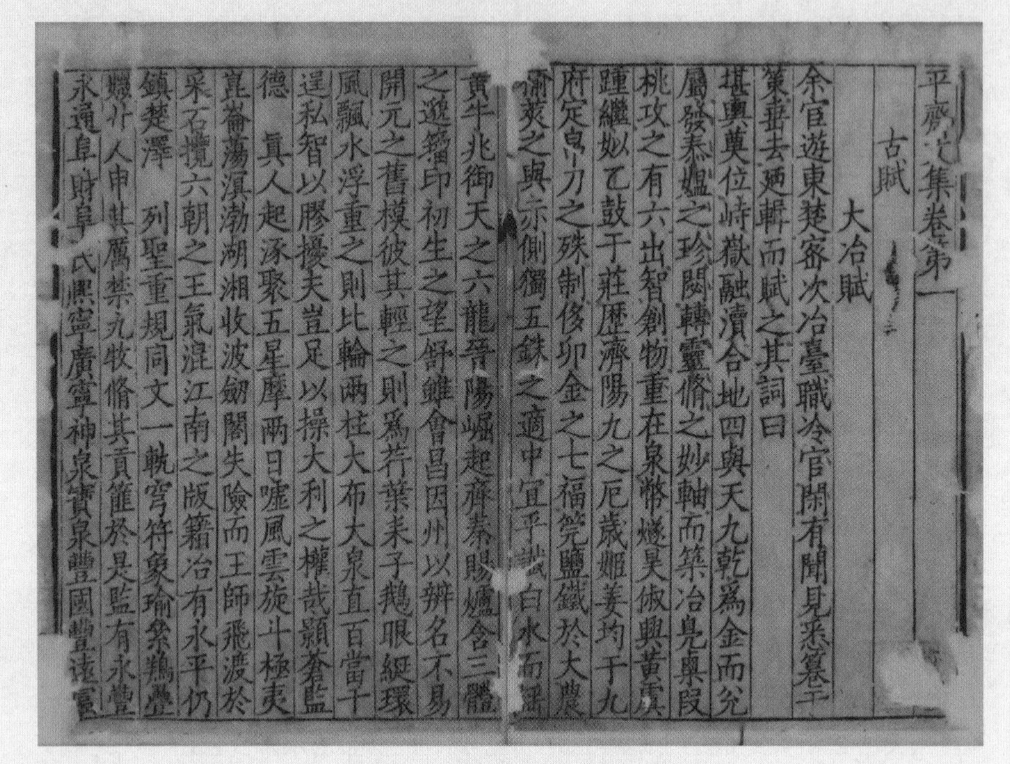
平齋文集卷第一
古賦
大冶賦
余宦遊東楚寄次冶臺職冶官樹有聞見悉纂
筆書去更轍而賦之其詞曰
堪輿奠位峙嶽融瀆合地四與天九乾爲金而兑
屬發黍爐之珍閼轉靈脩之妙軸而築冶見臬段
桃攻之有六出智創物重在泉幣燧昊俶興黃帝
踵繼姒乙鼓于莊歷湯陽九之厄歲姬姜均于九
府定泉刀之殊制佟卯金之七福莞鹽鐵於大農
崙萊之與赤側獨五銖之適中宜乎識白水而再
黃牛兆御天之六龍晉陽崛起齊秦賜爐含三體
之遺籍印初生之望舒雖會昌因州以辨名不易
開元之舊模彼其輕之則爲荇葉未子鵝眼綖環
風飄水浮重之則比輪兩柱大布大泉直百當千
逞私智以膠擾夫豈足以操大利之權哉顯蒼監
德　真人起涿聚五星摩兩日嘘風雲旋斗極夷
昆崙蕩溟渤湖湘收波劍閣失險而王師飛渡於
采石攬六朝之王氣混江南之版籍冶有永平仍
鎮楚澤　列聖重規同文一軌穹符象瑜衆鵝壘
爆竹人申其厲禁九牧脩其貢篚於是監有永豐
永通阜財阜民熙寧廣寧神泉實泉豐國豐遠富

图4.1　洪咨夔《大冶赋》

（日本国立公文书馆藏宋刻本）

文中还用了两个典故来形容矿石熔化和生成铜的情景，“江锁融”原指晋朝王濬（206～286年）攻吴，以船载麻油烧毁吴人设置于大冶西塞山长江江面的拦江铁锁，以此来形容炉火的气势。“脐膏注”原指三国时董卓被杀后，人们在其肚脐上插燃点灯，烧得膏油流淌。文中的“鉅”和“鈲”也不是原意，分别指部分脱硫的焙烧矿石和冶炼的中间物冰铜。

通过《大冶赋》的记载，可知我国宋代就能利用硫化矿石，并经焙烧和冶炼先得到冰铜，然后再由冰铜炼成铜。全过程需要经过“再”“复”“排”等多次的“炼”和“烧”，也就是经多次的焙烧、冶炼才能最后炼成铜，冶炼后期还可通过添加铅提取银。火法冶炼硫化矿石普遍应用于宋代各大铜场，如信州（江西）铅山场、饶州（江西）兴利场和潭州（湖南）永兴场等都曾大规模使用该技术。通过《大冶赋》的记载，我们还可以了解宋代“浸铜”法已兴于世，而“淋铜”法也业已发明。

南宋陈百朋的《龙泉县志》也记载有宋代长江中下游地区的炼铜技术，可惜该书已失传，仅部分内容可见于明代陆容（1436～1494年）的《菽园杂记》中。《菽园杂记》卷十四载有炼银、制粉、烧瓷和炼铜等五条技术文献（图4.2），这些技术文献即录自于《龙泉县志》，其记载的主要炼铜技术也是火法冶炼硫化矿石，内容如下：

所留粗滓即以酸醋入焰硝白礬泥礬鹽等炒成黃丹
採銅法先用大片柴不計段數裝疊有礦之地發火燒一夜
令礦脈柔脆次日火氣稍歇作匠方可入身動鎚尖採打
凡一人一日之力可得礦二十斤或二十四五斤每三十
餘斤爲一小籮雖礦之出銅多少不等大率一籮可得銅
一斤每烰銅一料用礦二百五十籮炭七百擔柴一千七
百段雇工八百餘用柴炭裝疊燒兩次共六日六夜烈火
亘天夜則山谷如晝銅在礦中既經烈火皆成茱萸頭出
於礦面火愈熾則鎔液成駝候冷以鐵鎚擊碎入大旋風
爐連烹三日三夜方見成銅名曰生烹有生烹虧銅者必
碓磨爲末淘去麄濁留精英團成大塊再用前項烈火名

菽園雜記卷十四　二

曰燒窖次將碎連燒五火計七日七夜又依前動大旋風
爐連烹一晝夜是謂成鈲（音嘲）鈲者麄濁既出漸見銅體矣
次將鈲碎用柴炭連燒八日八夜依前再入大旋風爐連
烹兩日兩夜方見生銅次將生銅擊碎依前入旋風爐烰
煉如烰銀之法以鉛爲母除滓浮於面外淨銅入爐底如
水即於爐前逼近爐口鋪細砂以木印雕字作處州某處
銅印於砂上旋以砂壅印刺銅汁入砂匣即是銅塼上各
有印文每歲解發赴梓亭寨前再以銅入爐烰煉成水不
留纖毫深雜以泥裹鐵杓酌銅入銅鑄模匣中每片各有
鋒窠如京銷面是謂十分淨銅發納饒州永平監應副鑄
大率烰銅所費不貲坑戶樂於採銀而憚於採銅銅礦色

图4.2　《菽园杂记》关于炼铜技术的记载

（补守山阁丛书本）

采铜法，先用大片柴，不计段数，装叠有矿之地，发火烧一夜，令矿脉柔脆。次日火气稍歇，作匠方可入身，动锤尖采打。凡一人一日之力，可得矿二十斤或二十四五斤。每三十余斤为一小箩，虽矿之出铜多少不等，大率一箩可得铜一斤。

每烰铜一料，用矿二百五十箩炭七百担，柴一千七百段，雇工八百余。用柴炭装叠烧两次，共六日六夜，烈火亘天，夜则山谷如昼。铜在矿中，既经烈火，皆成茱萸头，出于矿面，火愈炽，则熔液成驼。候冷，以铁锤击碎，入大旋风炉，连烹三日三夜，方见成铜，名曰生烹。有生烹亏铜者，必碓磨为末，淘去粗浊，留精英，团成大块，再用前项烈火，名曰烧窖。次将碎连烧五火，计七日七夜，又依前动大旋风炉，连烹一昼夜，是谓成鉲（音同“嘲”）。鉲者，粗浊即出，渐见铜体矣。次将鉲碎，用柴炭连烧八日八夜，依前再入大旋风炉，连烹两日两夜，方见生铜。次将生铜击碎，依前入旋风炉㷿炼，如㷿银之法，以铅为母，除渣浮于面外，净铜入炉底如水。即于炉前逼近炉口铺细砂，以木印雕字，作‘处州某处’铜印于砂上，旋以砂壅印，刺铜汁入砂匣，即是铜砖，上各有印文。每岁解发赴梓亭寨前，再以铜入炉㷿炼成水，不留纤毫深杂，以泥裹铁杓，酌铜入铜铸模匣中，每片各有锋窠，如京销面，是谓十分净铜。

这段文字描述有当时使用火爆法开采矿石的方法，所用矿石品位大约为3.3%。硫化矿石至少经过27个昼夜的焙烧、冶炼，然后再经加铅提银等工序后才能得到铜砖。文中介绍有高品位硫化矿的冶炼工艺，即所谓“生烹”，后半段则是低品位硫化矿即“生烹亏铜者”的冶炼过程。其过程大致分以下几步：一是“烧窑”，即把淘得的精矿粉烧结成块；二是“成鉲”，即由精矿熔炼出冰铜；三是反复焙烧“鉲”而后入炉炼出“生铜”即粗铜；四是加铅精炼生铜得“净铜”，然后铸成铜砖使用。“生烹”及“鉲”皆为焙烧产物，将其击碎，连柴炭一起加入大旋风炉进行还原冶炼，才能得到成品铜，然后再铸为铜砖。由于硫化铜矿的冶炼从选矿、烧结到熔炼冰铜、焙烧、冶炼、精炼以至铸锭工艺流程复杂，这也是为何陆容认为“得铜之艰，视银盖数倍云”，我国自古也有“三十炼铜”“百炼铜”之说，也反映了这一精炼过程。

《龙泉县志》还记载有流程较短的两种炼铜工艺：“有以矿石径烧成者；有以矿石碓磨为末，如银矿烧窖者。”其中“以矿石径烧成者”应该指氧化矿石直接还原熔炼成铜。“以矿石碓磨为末，如银矿烧窖者”则是经过淘选、研磨、焙烧后将较高品位的硫化矿石还原熔炼成铜的过程。

明代宋应星的《天工开物》中也有关于火法冶铜的简要记载：“有全体皆铜，不夹铅、银者，洪炉单炼而成。有与铅同体者，其煎炼炉法，旁通高低二孔，铅质先化从上孔流出，铜质后化从下孔流出。”这里提及铜铅共生矿的冶炼方法，是在冶炼过程中如何分离铜和铅（图4.3）。

到了清代，当时主要产铜地区在云南，张泓、檀萃、王崧、倪慎枢、吴其濬等人详细地记载了当地的炼铜技术。张泓，号西潭，汉军镶蓝旗籍人，乾隆六年（1741年）入滇为官。因在滇为官多年，他亲历边陲，见闻颇广，著有《滇南新语》，记载了当时的采炼技术。檀萃（1725～1801年），字岂田，号默斋，安徽省望江县人。檀萃是清乾隆二十六年（1761年）进士，学识渊博，历滇数十年，著作颇丰，包括《农部琐录》《滇海虞衡志》等介绍云南地方史的著作。檀萃因曾在滇主铜政，其著作中有不少对于云南矿厂的记叙。此外，清代介绍云南矿厂的书还有王崧的《矿厂采炼篇》、倪慎枢的《采铜炼铜记》，以及佚名《铜政便览》八卷，这些著作的主要内容后为吴其濬《滇南矿厂图略》所收录。

图4.3　《天工开物》中“火法炼铜”

（武进涉园据日本明和八年刊本）

《滇南矿厂图略》由吴其濬编纂，徐金生（东川府知府）绘辑，大约成书于道光二十四年至二十五年间（1844～1845年）。其主要作者吴其濬（1789～1847年），字瀹斋，号雩娄农，河南固始人。《滇南矿厂图略》分上、下卷，上卷为《云南矿厂工器图略》，含工器图20幅以及滇矿图略，正文包括下引第一、硐第二、硐之器第三、矿第四、炉第五、炉之器第六、罩第七、用第八等章节，书后还附有宋应星《天工开物》五金第十四卷、王崧《矿厂采炼篇》、倪慎枢《采铜炼铜记》《铜政全书·咨询各厂对》；下卷题名《滇南矿厂舆程图略》，有云南省舆图1幅，府、州厅图21幅以及滇矿图略，主要介绍了各种矿产及运输等，其中详细记录了云南铜矿的分布、铜矿床的情况和找矿、采矿技术等（图4.4）。

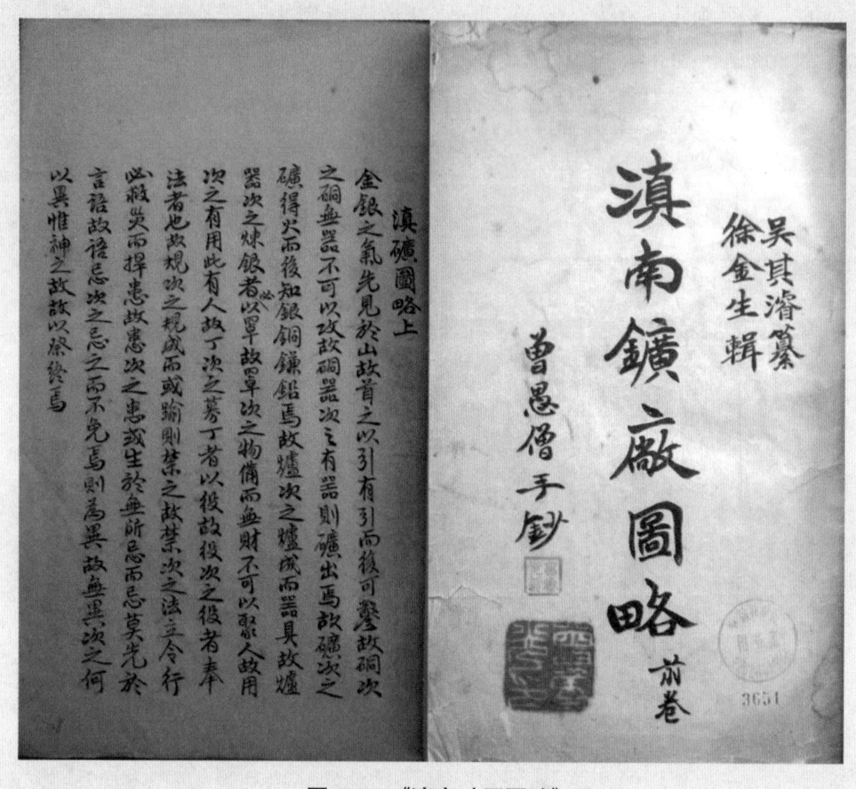
滇南礦廠圖略 前卷
吴其濬纂
徐金生輯
曾恳僧手钞

滇礦圖略上
金銀之氣先見於山故首之以引有引而後可鑿故硐次
之硐無器不可以攻故硐器次之有器則礦出焉故礦次之
礦得火而後知銀銅鐵鉛焉故爐次之爐成而器具故爐
器次之煉銀者必以罩故罩次之物備而無財不可以聚人故用
次之有用此有人故丁次之募丁者以役故役次之役者奉
法者也故規次之規成而或踰則禁之故禁次之法立令行
必殺矣而捍患故患次之患或生於無所忌而忌莫先於
言語故語忌次之忌之而不免焉則為異故無異次之何
以異惟神之故故以祭終焉

图4.4 《滇南矿厂图略》

（中国科学院自然科学史研究所藏本）

二、火法炼铜技术

火法炼铜指通过焙烧矿料得到金属铜的冶炼过程，在吹炼冰铜发明之前，火法炼铜有四种方式。一是“氧化铜—铜”工艺，该方法是将氧化矿石还原熔炼成铜；二是“硫化铜—铜”工艺，该方法是将硫化矿石焙烧后再还原熔炼成铜；三是“硫化矿—冰铜—铜”工艺，该方法是将硫化矿交替进行焙烧、冶炼，依次炼成品位由低到高的各种中间产物冰铜，然后再精炼成铜；四是“硫化铜—硫酸铜—铜”工艺，该方法是将硫化矿经天然或人工焙烧堆浸（硫酸化），得到胆矾溶液和硫酸盐晶体，然后再熔炼成铜。虽然以上这些工艺都是据唐宋时期的文献总结得出的，但依据古代的技术条件以及炼铜技术在物理和化学上的可行性，古代存在的火法炼铜方法基本上不出以上几种。

例如，根据中国古代早期的炼铜遗物判断，辽宁省陵源牛和梁的炼铜炉渣和坩埚片、河南省安阳市殷墟的炼铜遗物、湖北大冶铜绿山的古铜矿冶遗址出土文物等，都是氧化矿石还原冶炼成铜的遗物。从这些早期炼铜遗物的性质判断，中国早期炼铜使用的是氧化矿石直接还原冶炼成铜的方法。内蒙古自治区林西夏家店上层文化的大井古铜矿冶遗址出土文物显示当时已经能够开采品位较高的硫化矿石，通过焙烧脱硫再还原冶炼成铜。中条山地区从汉代至唐代，可能长期使用同样的方法炼铜。对铜绿山Ⅺ号矿体战国至西汉时期的炉渣的研究表明，当时已经掌握了先将硫化矿石冶炼成冰铜，再将冰铜处理成铜的方法，新疆维吾尔自治区尼勒克县东周时期、库车县汉代的炼铜遗址也都使用了同样的方法。

1. 铜的早期冶炼

目前比较完整的冶铜技术文献多为宋代之后的记载，早期的炼铜技术考证，只能依靠冶金和考古资料。

火法炼铜基本技术原理有两点：一是温度要足够高；二是还原性的气氛要足够强。对于高温古人已经有了一定的认识，但对于还原性气氛的认识则比较缺乏。铜的冶炼技术发展自早期的采石和烧陶等生产实践，陶的烧制经历了由平地燃烧到筑窑烧制的过程，炼铜也同样经历了从偶然堆砌燃烧到筑炉冶炼的过程。在原始社会晚期，人们采用了类似制陶的一次性烧制方法来冶炼铜矿石。考古资料表明，古代欧洲人就通过一层燃料和一层矿石的反复堆砌来冶铜。不过，这种方法由于燃料温度较低，化学反应不充分，所以效果也比较差。

人类早期冶铜设备主要包括两大类，即地穴炉和坩埚。龙山时期（距今约4350～3950年），人们可能开始使用类似烧陶的竖穴式和横穴式的炼炉。这些炼炉采用就地挖穴的型制，由火膛、火道、窑室及窑箅等部分组成。火焰经火道窑箅进入窑室，烟尘则从敞开的窑室上口排走，火焰自下而上，属于升焰窑，窑室上部向内收缩，使用茎秆涂泥封顶，透气且保温，或完全用泥封顶，同时渗水入室，制造短时间的还原气氛。在俄罗斯米努辛斯克（Minusinsk）附近的古铜矿坑就发现当时曾在篝火中将木柴和铜矿石逐层堆放，并在火堆边缘掘坑，使产生的铜液流入坑内。另外，西周时期大冶铜绿山古矿井的井口也曾发现篝火遗迹，其中有木柴和孔雀石堆砌燃烧而成的红铜珠，说明堆烧法是可以炼制出金属铜的。

二里头文化和二里岗文化时期的冶炼遗址各有一处，分别位于牛河梁和铜岭，不过铜岭遗址能提供有研究价值的冶炼遗物相对较少。1986～1988年，在辽宁省牛河梁转山子的金字塔状古建筑遗址顶部发现有一处冶铜遗址，出土了大量炉壁残块（当时称作“坩埚片”），这也是目前中国发现的年代最早的炼铜遗物（图4.5）。转山子发掘现场的炉壁残片集中堆积，似非原始冶炼场所，炉壁残片大小不同，大部呈弧状，为草拌泥所制，外面呈砖红色，里面多黏附黑色炉渣层。部分较大炉壁残片上带有一个或两个向内倾斜的小孔。经热释光年代测定，炉壁年代距今3000±330至3494±340年，属夏家店下层文化，大致与二里头至二里岗文化期相当。

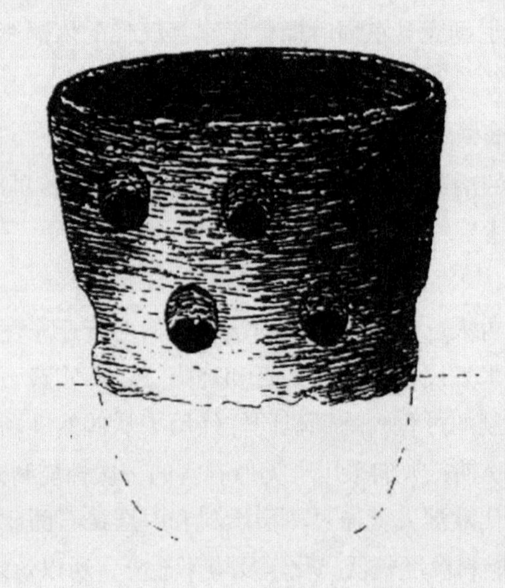

图4.5　牛河梁冶铜炉上部复原图

（源自《中国科学技术史·矿冶卷》）

根据对炉壁的测量，可知炼炉上部内径为18～20厘米、外径为21～24厘米、壁厚1.5～3.0厘米。炉壁上的小孔应当是鼓风孔，内径为3～4厘米。当炼炉垂直时，孔向内倾斜约35°，孔分上下两排交错排列，两排孔中心间距为8厘米，上排两相邻孔中心距12厘米。按估算，每排应有鼓风孔6个，每个炼炉有两排共12个鼓风孔。两排鼓风孔中心线交汇处风力集中，应是冶炼时温度最高的地方，此位置当在炼炉高度的三分之一处。炼炉高度约为35厘米，但由于没有发现底部结构的残片，故无法完全复原整个炼炉。

炼炉壁上两排鼓风孔的设置是为了克服炉渣熔点较高的难题的。鼓风孔向下倾斜，能使风力指向炼炉中心部位。两排孔上下交错，使鼓入气流分布均匀。这些措施都有利于木炭燃烧，从而提高炉温。炉渣整体熔化状态不良，局部又有良好的液态凝固的晶体结构，说明冶炼温度没有超过炉渣熔化温度范围太多，这可能是鼓风技术较为原始造成的。鼓风孔内壁表而光滑，没有磨损痕迹，表明鼓风器具并未通过鼓风孔与炼炉相连，可能是用人力以吹管鼓风。由于冶炼产生的铜液会沉降到炼炉的底部，故冶炼结束后，必须将炼炉下部砸碎来取出铜，因此这种炼炉是一次性的，使用之后下部结构完全被破坏。也正是由于早期的炉子是破炉取铜，每座炉只能使用一次，所以很难找到完整的实物留存。

郑州和安阳商代冶铸遗址出土有草拌泥搪制的大口尊、大口缸及“将军盔”等形状的陶制坩埚。这些坩埚曾被认为是用于炼铜，也有学者认为这些坩埚内壁烧熔比外壁要明显，可能是将风管插入埚内用于熔铜。此外，河南临汝煤山龙山文化遗址二期文化层的两处灰坑里，也发现含有铜渣的坩埚残片，残片呈内凹状，埚壁厚约1.4厘米，为红烧土硬块，留有铜渣6层，其中一块坩埚残片的铜渣含铜达95%。虽然目前这些坩埚的实际用途还有些争议，但铜的早期冶炼阶段使用内热式坩埚来熔铜或炼铜也是有可能的。

无论是地穴炉还是坩埚，早期的炼炉都是设在地下或半地穴中的，主要靠自然抽风。由于炉膛不大，实际得到的炉温肯定比烧陶要高，不过冶铜和烧陶毕竟是不同的技术，冶铜除了烧陶所需的高温外，还需要木炭燃烧作为还原剂，与矿石中的金属化合物发生反应。矿与和燃料间的还原反应随着温度升高而逐渐加快，所以两者反应越彻底，冶炼效果也就越好。

商代早期以后，炼炉的窑室开始高于地面，窑室由草拌泥筑成，容积也比过去大，有的内径达1.5～1.8米。高出地面的部分通常是方形或圆形，上端留有排烟孔，且向内逐渐收缩，成为有一定弧度的原始馒头窑或龙窑。由于有了窑墙、窑顶和排烟孔等结构，就可以按添加燃料的多少和控制进入火膛的空气来提高窑室的温度，一般能达到1200 ℃左右，而且还能人为控制空气流量，以获得还原气氛。

2. 竖炉炼铜

随着炼铜技术的不断改进，我国的炼铜工艺逐渐由地炉或半地炉过渡到了半连续操作的竖炉炼铜，从而发展到铜冶炼的成熟阶段。受限于运输条件的不便，为了减少矿石运输量，古代的铜矿通常都是采冶并举，以炉就矿，很多古铜矿附近都发现有冶炼遗址。如瑞昌古矿冶遗址就出土有大量的炼渣堆积和成片的红烧土层，是早期的炼铜炉遗迹。南陵的江木冲、铜陵的万迎山和木香山等地也留存有可上溯到西周晚期的炼铜遗址。

先秦时期的炼炉发现数量最多的是铜绿山古矿冶遗址，在1976～1979年三个阶段的发掘中，共清理出保存较好的春秋时期炼铜竖炉8座以及大量堆积的炼渣。铜绿山这些竖炉的构筑结构相近，尺寸也大体相同，主要由炉基、炉缸、炉身三部分组成（图4.6）。竖炉外形近似竖立的腰鼓，其构筑方法通常是在地势较高的平整地面上夯筑直径约1.6米、厚0.2米的红色黏土和铁矿石混合料的竖炉基底；在其上夯筑拱形通道，平面呈“T”形，通道称作风沟，炉缸架设在风沟之上。风沟中部置石板和石柱支撑炉缸底部，以承受炉内所装炉料的压力。

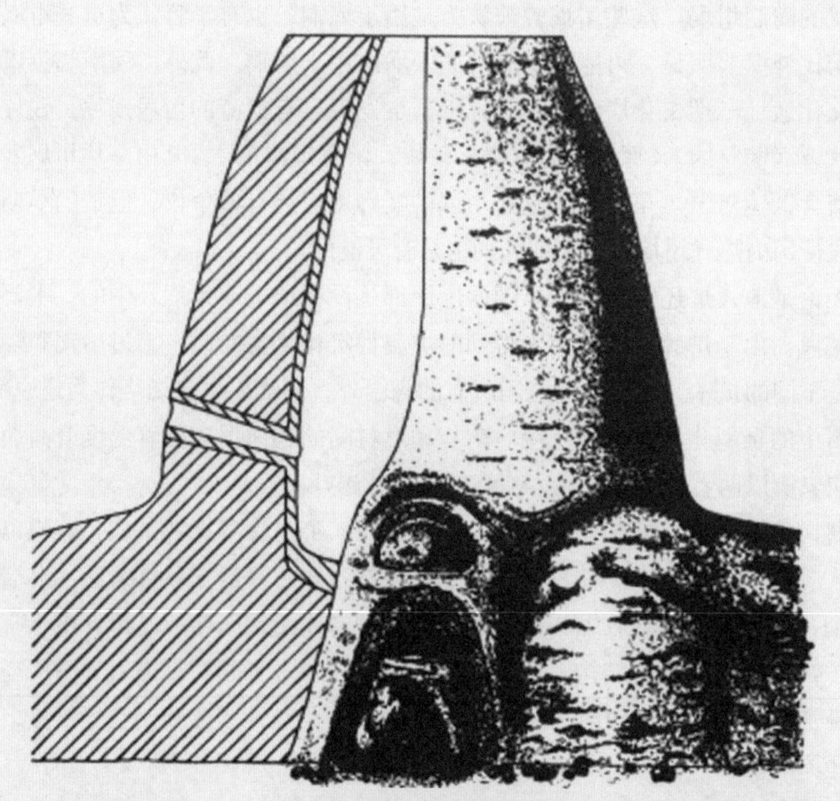

图4.6　铜绿山炼铜竖炉复原图

（源自《中国科学技术史·矿冶卷》）

炉缸缸底为锅底状，水平截面为近似椭圆形。椭圆形炉缸短轴前端（即炉前）的炉壁上有一个类似“城门”的拱形门，被称作金门，门槛（即门道）向内倾斜。因8座竖炉的炉缸上部皆坍塌，故仅在四号炉上发现有一个鼓风口。鼓风口位于炉缸长轴一端，呈直筒状，内径5厘米，向下倾角19°，中心点距炉缸底33厘米（图4.7）。假如竖炉中只有一个风口，无论风口设在长轴的哪一端，风口区截面的受风都不会均匀，从而导致无法成功炼铜。只有炉缸长轴两端对称送风，才能顺利炼铜，所以竖炉应该有两个风口。

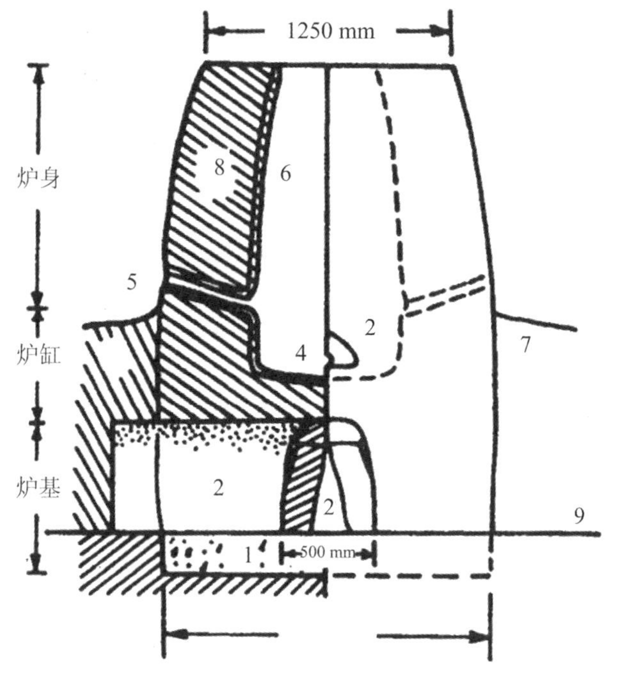

1. 工作台;2. 风沟;3. 金门;4. 排放孔;5. 风口;
6. 炉内壁;7. 炉缸;8. 炉壁;9. 原始地平面

图4.7　铜绿山炼铜炉复原示意图

（源自《科技史文集》第十三集）

竖炉中还有“风沟”，风沟又称为火沟，这一术语来自民间土法炼铜的工匠。风沟的作用主要是为炉缸防潮和保温。竖炉筑好后，可通过在风沟里燃烧木炭，烘烤炉底，来驱逐水气，直到筑炉材料干透为止。炼铜过程中，风沟里仍置炽热的木炭，用于增加炉缸底部的热量，提高保温性能。

竖炉的金门结构设计也很科学，其空间内大外小，门槛向内倾斜。门上有耐火泥质的堵门墙，墙上有排放铜液、渣液的孔。堵门墙与金门紧密相嵌，可以防止熔池内的熔汁渗漏。

竖炉筑炉材料内衬的胶结剂为高岭土，碎屑物为石英，硅化火成岩主要化学成分为SiO_2和Al_2O_3，竖炉内衬中SiO_2含量为73.48%~76.67%，Al_2O_3为19%左右。这种黏土原料和石英砂等配制的单硅质炉衬可以改善硅质原料的热膨胀性能，还能够防止黏土质原料的收缩和软化。

考古发掘还表明，当时的工匠已经知道矿石原料粗细对冶炼的影响，所以会提前对原料进行加工处理。当时炼铜一般用氧化铜矿石，矿石经人工破碎、筛选后，含铜品位平均可达24%，使竖炉易于还原出金属铜，回收率也比较高，遗址发现的孔雀石粒度比较规整，一般在2厘米×3厘米×1厘米左右，碎料台旁经过筛分的铜铁矿石粒度一般为0.3~0.4厘米，筛下的粉矿分开堆放。

铜绿山发现的8座残竖炉，体积相似，经过对其中的4座竖炉残体进行推算，得知竖炉的有效容积，三号炉约0.37立方米，四号炉约0.32立方米，五号炉约0.28立方米，六号炉约0.25立方米，平均约0.30立方米。受当时技术条件的限制，按这些竖炉的容积，每座竖炉的容料量大约只有260千克。

炼铜所用的燃料，主要是木炭，同时木炭还是还原剂。在竖炉周围的遗存和炉料的融合物中都发现有木炭屑，如四号炼铜炉风沟左边堆积有约4厘米厚的木炭屑。铜绿山附近有一座山名为“栎林山”，山上的栎木做的木炭，机械强度足够支撑炉料的重量，比较适合作为竖炉炼铜的燃料和还原剂，当时很有可能就被用于炼铜。

铜绿山遗址的配矿合理，造渣也比较良好。配矿技术是保证冶炼顺利进行的重要前提条件，如果不能辨别不同的矿物，不知如何按比例配料，就不能形成理想的渣型。实际上，铜矿石的火法冶炼，就是熔炼炉渣的操作过程。炉渣的性质和特征决定了熔炼结果的好坏。另外，铁矿石则被当作溶剂投入到竖炉中，所生成的氧化亚铁与二氧化硅结合，能有效减少炼渣内二氧化硅的含量，使炼渣的黏度降低，改善渣液的流动性，有利于排除炉渣。铜绿山竖炉造渣良好，表现在炉渣有着合适熔点，硅酸度合适，流动性能好，且炉渣含铜较低，说明铜已经被最大限度地提取了。

铜绿山竖炉旁还有相应的配套设施，包括工作台、碎料台、筛分场以及和泥池等，表明当时冶炼规模的宏大和组织协调的完备。其中，工作台用粒状铁矿石和红色黏土混合垒筑，以便于竖炉加料、鼓风等操作。碎料台为破碎料的地方，一般设在炉旁，坚硬耐用。筛分场堆放矿石，通过人工进行筛分。和泥池是配制耐火材料的地方，分南北两坑，北坑圆涡状，内有高岭土；南坑呈不规则形，内装有细腻红色黏土。

铜绿山古铜矿遗址遗留有50万～60万吨的古代炼渣，据推算累计产铜应该在8万～12万吨，而在皖南古铜矿遗址也发现有一两百万吨的炼渣，这也反映出长江中下游流域古铜矿冶炼生产规模之大，这为当时青铜铸造业的繁荣兴盛提供了充足的铜料（图4.8）。

图4.8　盘龙城出土铜炼渣

3. 明清时期的炼铜

明代至清代前期，火法冶铜技术有了很大的发展，操作方法更为成熟，产量也明显增加，炼铜技术总体发展到了较高水平。明代陆容《菽园杂记》、宋应星《天工开物》、清代倪慎枢《采铜炼铜记》和吴其俊《滇南矿厂图略》等著作都从不同角度对当时的冶铜技术作了很好的总结。

《菽园杂记》卷十四中对当时浙江处州的炼铜方法有较详细的记述（图4.9）。处州的铜矿为黄铜矿，含铜品位大约为3.3%，按现代标准，属于较好的富矿，但由于属于硫化矿，冶炼工艺也相当复杂。据记载，处理这种矿石，需要在熔烧后经过三次粉碎，并且三次开动大旋风炉烹炼，才能炼出生铜，可见工艺之繁复。技术流程上，这种火法炼铜工艺至少分为四步，包括焙烧、造锍熔炼、炼制粗铜、炼制精铜。对此，作者陆容也感慨："大率炬铜所费不赀。坑户乐于采银而惮于采铜。铜矿色样甚多，炬炼火次亦各有异。有以矿石径烧成者，有以矿石碓磨为末，如银矿烧窖者，得铜之艰，视银盖数倍云。"

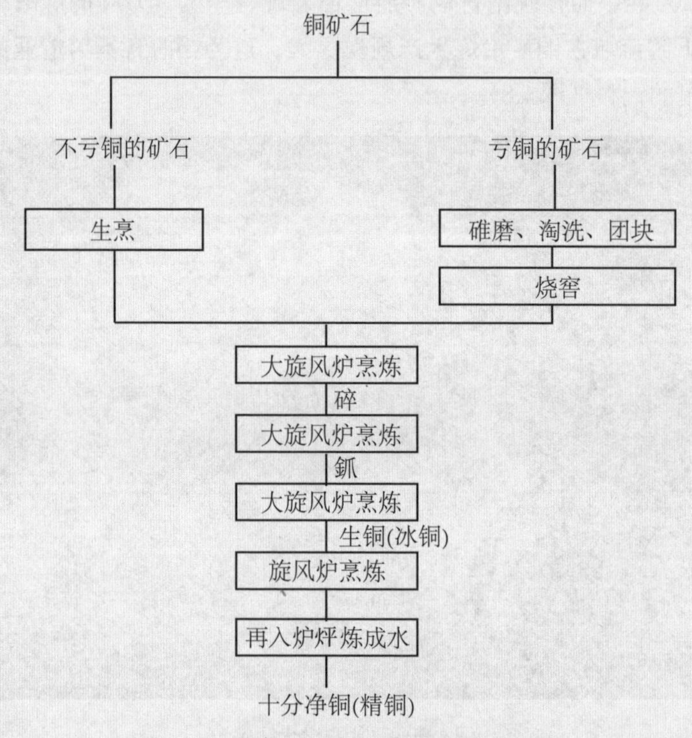

图4.9　《菽园杂记》中记载的冶铜过程

清代云南的铜冶炼技术在吴其浚的《滇南矿厂图略》、王文韶《续云南通志稿》和黄钧宰《金壶七墨》等书中皆有记载。其中，《滇南矿厂图略》主要介绍了云南金属矿开采、冶炼以及经济和管理方面的基本信息，该书还收录有《采铜炼铜记》，对炼铜技术作了较为详尽的记载，大体反映了清代前期的冶铜情况。

原料准备方面，《采铜炼铜记》记载有："至于炼矿之法，先需辨矿，彻矿即可入炉。带土者必捶拣淘滤，矿汁稠者取汁稀者配之，或取白石配之，矿汁稀者，取汁稠者配之，或以黄土配之，方能分汁；谓之带石，矿之易炼者，一火成铜，止用大炉煎熬。”其中提到有辨矿、淘洗、配矿等操作，这里的配矿技术在先秦时期就已经成熟，但关于炼铜配矿的明确记载却是直到清代才有的。其中的带石，即配带白石、黄土等造渣溶剂，为便炉中的FeO与SiO_2等能以熔渣形式排出。分汁，指熔渣与熔铜分离，这也是关于渣铜分离的较早描述。“一火成铜”指的是一次性冶炼，主要用于品位较高的矿料。

总体上来说，清代品位高的“彻矿”只需要将矿石或溶剂（白石或黄土）配合适当，经过一次冶炼就能生成净铜，实现“一火成铜”。但能实现“一火成铜”的富矿非常有限，大多矿石则要事先经过熔烧，才可入大炉炼铜。据《清代云南铜政考》，云南火法炼铜的流程“要用炭一千二三百斤，始能锻矿千斤，得铜百斤”，据估算这种铜矿石含铜在10%以上（图4.10）。和浙江处州铜矿相比，品位高出两倍以上，其富铜矿石品位可能更高。另按记载当时每100千克纯净铜料“紫板铜’可炼出“蟹壳铜”80千克。

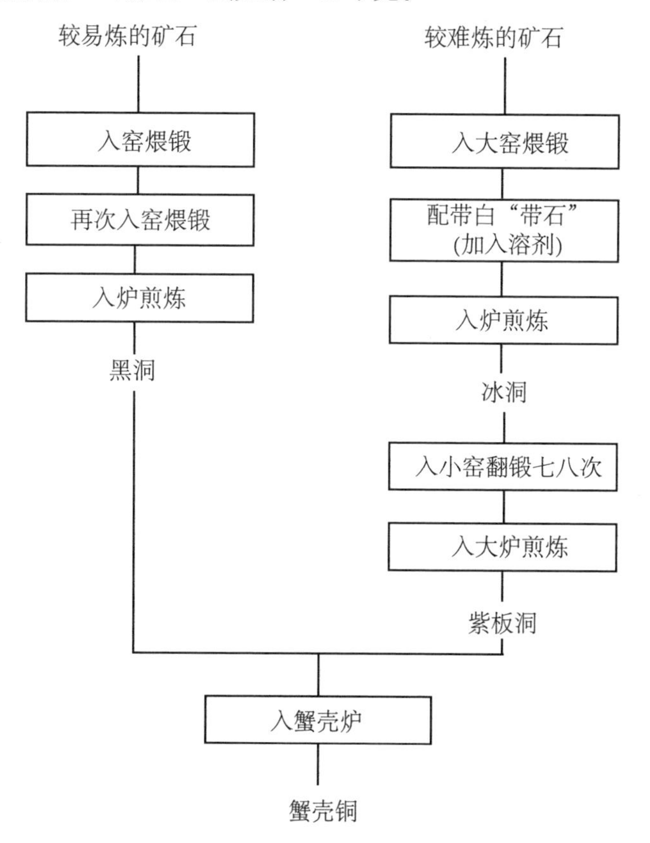

图4.10　《清代云南铜政考》中记载的冶铜过程

关于炼炉结构，《滇南矿厂图略》“炉”第五说记载：“凡炉以土砌筑，底长方广二尺余，厚尺余，旁杀渐上至顶而圆。高可八尺，空其中，曰甑子。面墙上为门，以进炭矿。下为门，曰金门，仍用土封，至拨炉时始开。近底有窍，时开闭，以出臊。后墙有穴，以受风。铜炉风穴上另有一穴，以看后火。银炉内底平，铜炉内底如锅形。”（图4.11）

这种炼炉以土筑成，外呈方形，内如甑状，高约2.4米。炉上有4个孔，各有用途，分别为进料口、金门、鼓风口、观火口等。孔的名称，用以加矿和炭的称作“火门”，用于出铜的称作“金门”，鼓风入炉的称作“风门”，观察炉火的称作“红门”。鼓风每三人一班，每时辰一换，用力不可过猛，也不能过慢。观火口的设置对火候控制意义重大。这种观火口的发明可能在清代以前就有，唐代长沙窑中就有名为“火照”的火候试验装置，与此观火口有异曲同工之妙。

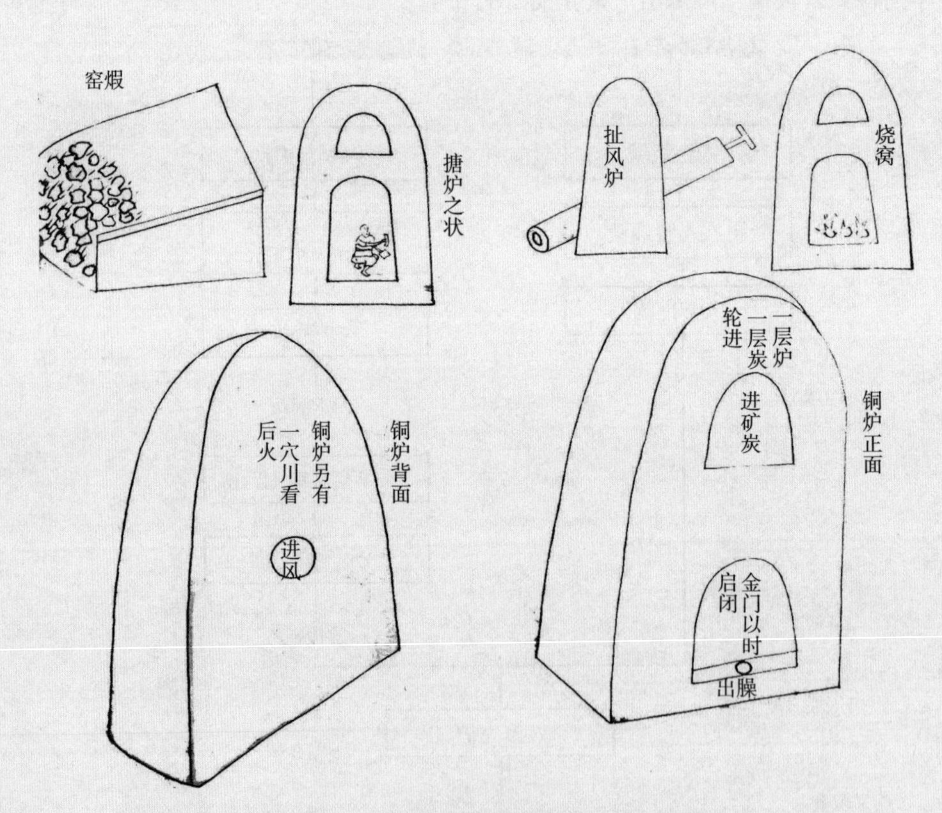

图4.11　《滇南矿厂图略》中记载的炼炉

（中国科学院自然科学史研究所藏本）

炼铜过程中：

凡起炉，初用胶泥和盐于炉甑内周围抿实，曰搪炉；次用碎炭火铺底烘烧，曰烧窝子；约一二时，再用柱炭竖装令满，扯箱鼓风，俟其火焰上透矿炭，均匀源源轮进炉内风穴上，矿炭融结成一条，如桥衡，通炉皆红，此条独黑，曰嘴子，看后火即看此。扯箱用三人，每时一换，曰换手。用力宜匀，太猛则嘴子红而掉，太慢则火力不到之处矿不能化，胶粘于墙，曰生膀。每六时为一班，铜炉二班曰对时火；三班曰丁拐火；四班曰两对时火；六班曰二四火。拨炉则开金门，用钯先出浮炭渣子，次揭冰铜，一冷即碎故曰冰，亦曰宝铜，次用铁条搅汁泼净渣子曰开面，次揭圆铜，揭铜或用水，或用泥浆，或用米汤，视矿性所宜。铜铁无过六班。矿火不顺，臊结成一块曰抬和尚头；配合不易，时有之金门忽碎，矿汁飞溅曰放爆张，每致伤人，幸不常有。

由此可见，炼铜过程大体上每六个时辰(12小时)为一班，因铜矿质量不同，有时两班出铜，也有数班方能出铜的。炼铜成功后，先开金门，用铁钯除去浮渣，次揭冰铜，再揭圆铜（图4.12)。冶炼过程还需十分小心，以防炉内铜液和臊渣结成一块，金门破碎，矿液飞溅，造成事故。

图4.12 《滇南矿厂图略》描绘的冶铜场景

（中国科学院自然科学史研究所藏本）

冶炼工具，即所用炉器方面，《滇南矿厂图略》还介绍了用于鼓风的大小两种风箱、上矿炭用的铁撳、搅拌铜汁和敲打炉壁黏结物的铁拨条、揭铜用的铁钳，起冰铜用的木耙和洗矿用的簸箕等工具（图4.13）。

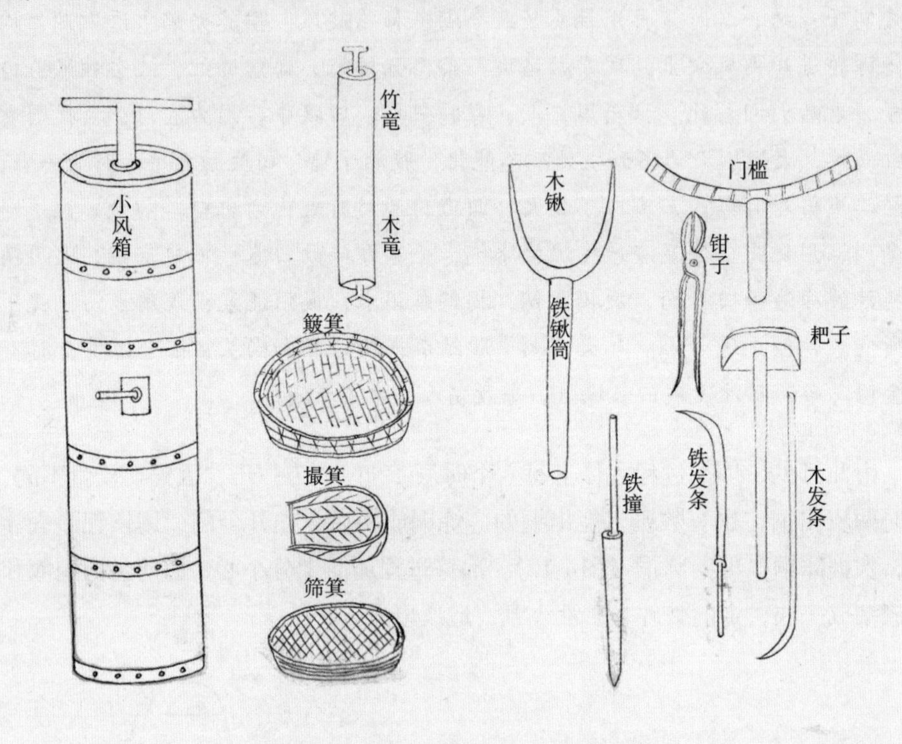

图4.13　《滇南矿厂图略》中的冶炼工具

（中国科学院自然科学史研究所藏本）

4. 硫化铜的冶炼

铜陵市天门镇境内的木鱼山是铜陵地区目前已发现年代最早的古铜矿遗址之一，木鱼山遗址曾发现过百余千克铜锭，铜锭呈铁锈色，菱形，长40～50厘米，宽5～8厘米，每块重3500～4000克。经检测铜锭含铜28%～60%，含铁18%～30%，还夹杂多种微量元素，属于铜铁合金——冰铜锭，而冰铜正是硫化铜矿石冶炼的重要标志（图4.14）。

冰铜锭大都出于皖南的铜陵和南陵地区，这里的金属矿产主要是铜，其次还有金、铁、锰、铅、锌、银等，铜矿体多为铜铁型。除了木鱼山发现了冰铜锭，铜陵的凤凰山古铜矿、南陵的江木冲古铜矿、贵池徽家冲的春秋青铜窑藏等也都发现有冰铜锭。这些地区出土的冰铜锭皆呈菱形，表面粗糙，有铁锈色，少数铜锭表面还有绿锈，具有良好的塑性，有的断面呈紫红色，为含铁较多的铜料。铜锭表面，一面平整，一面粗糙，断面有较多的小气孔。所有铜锭均无浇口残迹，应该是在将铜液从炉中放出时，直接在预制的菱形砂床中凝固形成的。由于绝大多数铜锭和炼渣里的铁含量都相当高，应该是用硫化矿的黄铜矿冶炼所得的。皖南地区不断发现冰铜锭，也表明该地区很早就曾以硫化矿炼铜。

图4.14　木鱼山遗址出土的冰铜锭

（铜陵市博物馆藏）

古人接触最多的铜矿石就是颜色醒目的孔雀石。孔雀石属于氧化型矿，冶炼相对容易，因此很早就被人们利用。不过，这种矿物是含铜硫化物经空气氧化后产生的硫酸铜与碳酸盐矿物相互作用而成的，通常只存在于硫化铜矿床的氧化带中，虽然位于地表，采掘容易，但是矿层都比较浅在地壳中储量很少，难以长期持续开采。自然界中的铜大多以硫化铜形式存在，主要包括辉铜矿（Cu_2S，呈铅灰色）、黄铜矿（$CuFeS_2$，呈黄色）和斑铜矿（Cu_5FeS_4，呈暗红色）。这些硫化铜的冶炼，较孔雀石和蓝铜矿等要复杂，所以其冶炼方法出现也相对要晚很多。

硫化铜的冶炼需要在焙烧炉内进行，矿石焙烧后会先挥发出装入炉内的物料中的水分，当继续加热后，硫化物分解会析出一部分硫并且氧化和燃烧，温度继续提高后，硫逐渐烧去，氧化反应缓慢，炉内温度也开始降低，整个硫化铜矿石的焙烧是在较高的温度而且有空气的环境下进行的氧化过程。硫化铜矿在氧化时变成铜的氧化物，硫则变成二氧化硫，从而实现脱硫。由于硫化铜矿石大部分是铁的硫化物，所以为了烧结，需要在料中加入足够的二氧化硅以形成氧化亚铁的硅酸盐，如果二氧化硅量不足，还需在料中加入碎石英以作进一步熔炼的溶剂。

在古代的技术条件下，硫化铜的冶炼通常分成两步，首先是氧化焙烧硫化铜矿石，生成FeO与SiO_2的炼渣和SO_2,从而去除部分硫和铁，而大部分硫化铜会转化成Cu_2S及一些Cu_2O，并在此过程中产生冰铜。其次是冰铜吹炼，这需要在竖炉中以木炭加热还原氧化焙烧料，然后才能得到金属粗铜。化学分析和金属物相检测都表明，出土的铜锭的化学组成为$(CuFe)_2S$，该熔炼产物既不是冰铜也不是粗铜，而是一种含有硫质杂质的中间产物，只有压碎后放入坩埚中重熔，加石英砂、石灰石为溶剂，利用其中各成分密度的差异，反复进行熔析和造渣以去除铁和硫后，才能得到较纯的红铜。所以从硫化矿到冰铜，再到纯铜的这一冶炼工艺是相当复杂的，以至于南宋洪咨夔《大冶赋》和明代陆容《菽园杂记》都记载其整个流程长达月余，仅冶炼次数就达四次之多。

皖南地区是历史上著名的冶铜之地，从西周至宋代的冶炼遗址多达数十处。北周庾信（513～581年）《枯树赋》有“南陵以梅根作冶”的记载，唐人孟浩然《夜泊宣城界》诗中也有“火炽梅根冶”之句。另外，光绪九年陆延龄《贵池县志・杂类志》引《太康地志》也记载有“梅根冶出空青”，这里的空青就是曾青，又名胆矾，为天然的硫酸铜，为黄铜矿或辉铜矿与潮湿空气接触后形成。

古代的硫化铜冶炼起源于什么时候目前还没有定论，不过考古发现和文献记载都表明，在距今2700多年的春秋时期，人们就已掌握了硫化铜的冶炼技术，而大量的出土冰铜锭也说明，皖南应该就是中国早期硫化铜冶炼的重要地区。

三、胆水炼铜技术

胆水炼铜，又称胆水法或水法炼铜，指用铁等比较活泼的且廉价的金属从胆水（硫酸铜溶液）中置换出铜的炼铜方法，其化学式为：

$$Fe+CuSO_4 = FeSO_4+Cu$$

这种炼铜方法是中国古代在冶金技术方面的一项重要发明。

在秦汉之际，古人在炼丹术的实际应用中就发现了铁能从硫酸铜溶液中置换出铜。西汉《淮南万毕术》中就记有“白青得铁则化为铜”，白青即水胆矾，能用铁置换出其中的铜。在此之后，这一发现从葛洪（284～364年）和陶弘景（456～536年）的著作以及许多本草和道书上都有类似记载，如东汉时期编纂的

《神农本草经》曾载有“石胆能化铁为铜成金银”（石胆即胆矾，就是硫酸铜）。东晋炼丹家葛洪在其《抱朴子·内篇·黄白》中也提到：“以曾青涂铁，铁赤色如铜……而皆外变而内不化也。”“曾青”可能就是蓝铜矿石，也有人认为是石胆。陶弘景在其《本草经集注》中则记有：“鸡屎巩（一种含硫酸铜的黄矾，黄、蓝相杂）……投苦酒（即醋）中涂铁，皆作铜色。”

在唐代，人们曾用铁锅熬炼天然胆水制成硫酸铜晶体（胆矾），再以硫酸铜晶体入炉冶炼成铜。在熬炼胆水过程中，铁锅容器与硫酸铜发生了置换反应在表面形成了铜，直接用铁置换出铜的水法炼铜可能由此发端。北宋沈括《梦溪笔谈》引唐代《丹房镜源》记载有“信州铅山县有苦泉，流以为涧，挹其水熬之，则成胆矾，烹胆矾则成铜。熬胆矾铁釜，久之亦化为铜。”唐玄宗时期（712～756年），刘知古《日月玄枢论》中记有：“或以诸青、诸矾、诸绿、诸灰结水银以为红银。”这种方法是用碱式碳酸铜、硫酸铜之类的铜矿石，取得红银（纯铜），唐代炼丹家们把这种“点化”出来的铜美其名曰“红银”。

唐肃宗时期（757～761年）金陵子《龙蛇还丹诀》中列举有15种配方，从铜矿石中提取红银，所用矿石与上述略同。其法是将铁锅摩擦光洁，投入少许水和水银，加热微沸后，投入铜矿石（胆矾、白青、绿青等），加热后即可置换出“红银”。由于配料中需要水银，费用和损耗较大，且操作不便，这种方法在成本和产量上都难以与胆水直接炼铜法相比，生产规模不大。以后的生产中，通常均直接用铁置换胆水中的铜，这样生产出来的铜叫“胆铜”，也叫“铁铜”。到了唐代末期，胆水法炼铜所得的“铁铜”已经成为十种铜之一。

宋代水法炼铜的使用最为广泛，这主要得益于两个条件，铁产量的提升以及足量胆水的供应。宋代冶铁技术日臻成熟，其产量渐趋丰足，为水法炼铜提供了足够的铁。此外，长江中下游一带在多雨期时，铜矿床被氧化后形成常年流淌的胆水溪流，又为水法炼铜提供了充足的胆水。北宋王安石变法时期，为了增加财政收入，水法炼铜因“工小利多”得以大行其道。苏东坡曾赞赏水法炼铜：“高岩夜吐金碧气，晓得异石青斓斑。坑流窟发钱涌地，暮施百镒朝千锾。”

据文献记载，宋代的水法炼铜是由宋哲宗时期（1077～1100年）饶州人张潜(1025～1105年)发明的，张潜总结了此前水法炼铜的经验，并于绍圣年间(1094～1098年)撰写了《浸铜要略》，可惜该书如今仅存元代危素（1303～1372年）所撰的《浸铜要略序》。宋徽宗时期（1082～1135年）大型水法炼铜场有十多处，到了大观年间（1107～1110年）水法炼铜产量达到一百余万斤，约占铜总产量的15%。南宋时期水法炼铜已经逐渐占主导地位，乾道年间(1165～1173年)水法炼铜产量约两百余万斤，占当时铜产量的八成。当时每年至少有80余万斤的铁被分配各地用于水法炼铜，可见水法炼铜的规模之大。

根据洪咨夔的《大冶赋》等文献记载，宋代水法炼铜分为浸铜法和淋铜法两种：

其浸铜也：铅山兴利，首鸠僝功。推而放诸，象皆取蒙。辨以易牙之口，胆随味而不同。青涩苦以居上，黄醯酸而次中。监以离娄之日，泛浮沤而異容。赤间白以为贵，紫夺朱而弗庸。陂沼既潴，沟遂斯决。瀺灂湏溶。汩�撇冽。铜雀台之詹，万瓦建瓴而淙淙。龙骨渠之水道，千浍分畦而潏潏。量深浅以施槽，随疏密而制闸，陆续吞吐，蝉联贯列。乃破不轑之釜，乃碎不湘之錡。如鳞斯布，如翼斯起。漱之珑珑，溅之齿齿。沉涵极表里以俱畅，蒸酿穷日夜而不止。元冥效其巧谲，阳侯献其性诡。变蚀为沫，转滋为髓。或浃下簟。自凝珠蕊。且濯且渐，尽化乃已。投之炉锤，遂成粹美。

其淋铜也：经始岑水，以逮永兴。地气所育，它可类称。土抱胆而潜发，屋索绹而亟乘。剖曼衍，攻崚增。浮埴去，坚壤呈。得雞子之胚黄，知土鉐之所凝。辇运塞于介蹊，积高于修楹。日愈久而滋力，矾既生而细。是设抄盆�络以庋，是筑甓槽竹笼以釃。散銀渠而中铺，沃鉐液而下溃。勇抱甕以滹湲，驯翻瓢而滂濞。分醲淡于淄渑，别清浊于泾渭。其渗泻之声，则糟丘压酒于步兵之廚。其转引之势，则渴乌传漏于挈壶之氏。左挹右注，循環不竭。昼湛夕溉，薰染翕欲。幻成寒暖燥湿不移之体，疑刀圭之点铁。

这两种方法中，浸铜法使用的是天然胆水，而淋铜法是以人工堆浸低品位硫化矿石来制取胆水，即“凿坑取垢（胆土）淋铜”，先采胆土，引水淋土，从而获得胆水。按理论推算，置换出1千克铜需要铁0.88千克，但实际消耗会高很多，在宋代炼1千克铜需要铁约3千克，这一水平在现代也是相当高效的。

到了明代，水法炼铜已经不再像宋代那样繁荣，但也有一定发展。据《明史》记载，明代初期德兴县北有铜山，山麓有胆泉，浸铁可以成铜。此外，铅山县西南拜有铜宝山，“涌泉浸铁，可以为铜”。另据《续文献通考》记载：“宣德三年（1428年）九月，免江西德兴、铅山浸铜丁夫杂役，二县铜场岁浸铜得五十余万斤。”可见当时水法炼铜的产量应该不低。顾禹祖（1631～1692年）在《读史方舆纪要》中也曾详述铅山县的水法炼铜技术，“古时胆水出此，其水或涌自平地，或出自石罅……宋时为浸铜之所，有沟槽七十七处，兴于绍圣四年，更创于淳熙八年，至淳祐后渐废，其池有三：胆水、矾水、黄矾水，每积水为池，每池随地形高下深浅，用木板闸之，以茅席铺底，取生铁击碎入沟排砌，引水通流浸染，候其色变，锻之则为铜，余水不可再。”

明代水法炼铜的基本工艺与宋代类似，但是明人对胆水金属置换铜有了新的认识，据沈周(1427～1509年)《石田杂记》记载：“江西信州铅山铜井，其山出空青，井水碧色，以铅、锡入水浸二昼夜，则成黑锡，煎之则成铜。”这里使用的已经不仅是铁，而是使用铅和锡置换铜。

四、青铜合金的冶炼

1. 青铜合金配制

矿石通常有共生现象，有些铜矿会与铅矿共生，有时矿石中还会含有少量锡石。铜的熔点是1083 ℃，锡和铅的熔点分别是232 ℃和327 ℃，用木炭等灼烧时，锡和铅这些金属会被还原进入铜中，成为铜合金元素，从而得到青铜。锡和铅的大量使用，是中国古代青铜冶炼的一个突出的特点，这与中亚、西亚和欧洲等地区早期青铜中含砷、镍的情况不同。

《吕氏春秋》记载有“金柔则锡柔，合两柔则刚”，这是世界上较早关于合金强化的描述。《荀子》也记载，铸造青铜时“刑范正，金锡美，工冶巧，火齐得”，即要求铸范精确，原料纯洁，工艺细致，温度和成分适当，反映了当时对青铜冶炼的高要求。

铜锡二元铜合金与纯铜相比，硬度更大，熔点更低，如含锡25%的青铜，熔点只有800 ℃左右。锡的多少，还会直接影响青铜的机械和铸造性能，含锡高的青铜熔点低且硬度高，含锡低的青铜熔点高且硬度低，但如果锡的比例超过一定数量，合金就会变脆，可塑性变差。对于铜铅锡三元铜合金，铅的含量增加会适当降低青铜合金的硬度，但却增加了铸造时的流动性。要想利用不同物理特性的青铜合金来铸造不同的器物，就需要在冶炼青铜合金时掌握各种金属原料的比例，即青铜合金配制的方法。

青铜的冶炼最初都是用铜矿石加锡矿石和铅矿石一起冶炼的，然后发展成先炼出铜，再单独添加锡、铅矿合炼，最后发展成分别炼出铜、铅，或铅锡合金，再按比例混合一起再熔炼。中国古代青铜合金技术大约萌芽于二里头文化时期，二里头遗址出土的青铜器铜爵含铜92%、含锡7%，另外还含有较多的硅酸盐杂质，应当为熔化浇注时混入的，这表明当时的冶炼工艺的流程控制还处于较低水平。二里头文化晚期曾出土一块不成器的铅锭，为迄今已知最早的炼制铅块。铅的使用提高了当时合金的铸造性能，为器物纹饰的清晰和器形的规整提供了保证。二里岗时期青铜冶炼又有了一定发展，到了在殷墟时期，铜锡二元合金和铜锡铅三元合金基本确立，殷墟大墓出土的青铜器物中，锡已经成了主要的合金元素。殷墟铸铜作坊出土有纯铜一块，含铜高达97.2%，这也说明了纯铜已经被单独冶炼出来，以用于青铜的再次冶炼，这些都表明商代的青铜冶炼工艺已经发展到较高阶段。

另外，在商周时期的冶铸遗址中也出土有铅锭，墓葬中还有铅制的器物和镀锡铜盔等，也都印证了当时的确有能力冶炼出纯铅和纯锡。商代晚期青铜器合金中的锡、铅元素含量又有所提高。例如，对妇好墓出土的部分铜器检测后发现，锡青铜有91件，占到72%，含锡量基本在15%～18%之间，属于高锡青铜器。经测定的铅锡青铜有25件，占到28%（图4.15）。

图4.15　妇好墓出土青铜鸮尊

（中国国家博物馆藏）

西周以后，青铜合金技术进一步提高，如上海博物馆测定了其馆藏的10件西周戈，其中4件为铅青铜，平均含铅23.61%，6件为铅锡青铜，平均含铅12.6%。

到了春秋战国时期，青铜合金技术日臻成熟。主要表现在合金配制技术有了很大提高，锡在铜合金中的主导地位完全确立，普通器物都使用了锡青铜和铅锡青铜，且不同器物使用了不同合金比例，由此还总结出合理的青铜合金配比规律——“六齐”。通过这样的规律配制冶炼的青铜成分比较稳定，而且可以根据器物要求调整成分配比，熔炼也比较容易控制。

2.“六齐”与青铜合金

“六齐”是中国古代锡青铜的六种配比，这里的“齐”同“剂”，为“调剂”“配合”，也有解释为“合金”。“六齐”记载于六齐先秦典籍《考工记》中（图4.16），内容如下：

金有六齐：六分其金而锡居一，谓之钟鼎之齐；五分其金而锡居一，谓之斧斤之齐；四分其金而锡居一，谓之戈戟之齐；三分其金而锡居一，谓之大刃之齐；五分其金而锡居二，谓之削杀矢之齐；金锡半，谓之鉴隧之齐。

《考工记》一般被认为是东周时期齐国的官书，最后成书年代大约是战国中晚期。其中，关于“六齐”的这段文献指出了不同性能的器物应该采用不同成分的合金，类似于一张青铜合金配比表。从字面来看，表明先秦时期人们已经认识到，不同的器物因用途和性能要求不同，其合金成分也应不同。其大体趋势是随着锡含量的增加，器物的硬度提高。

值得注意的是，学界长时期以来对“六齐”规律和锡的百分比成分有争议，存在两种不同的解释。一种观点认为“六齐”中的“金”指的是青铜，作为“鉴燧之齐”的“金锡半”为“金锡各半”；另一种观点认为“六齐”中的“金”指红铜，“金锡半”为“金一锡半” 之意。所以对这六种配比的青铜中的锡含量就有了两种不同分析结果，一是分别为16.7%、20%、25%、33.3%、40%、50%；二是分别为14.3%、16.7%、20%、25%、28.8%、33.3%。

含锡17%左右的青铜，通常呈橙黄色，不但美观，而且音色亦好，这正是铸钟鼎所需之铜。刃、削、杀、矢这一类兵器需要较高的硬度，所以含锡量也较高。斧、斤、戈、戟则需要一定的韧性，所以含锡量也就比刃、削、杀、矢低。鉴燧之齐含锡非常高，可能是因为铜镜需要显出光亮的表面和银白色金属光泽，并且一定的铸造性能可以保证花纹要细致。可以说《考工记》的记述，大体上准确地反映了青铜合金配比规律，是对青铜合金配比经验的总结。

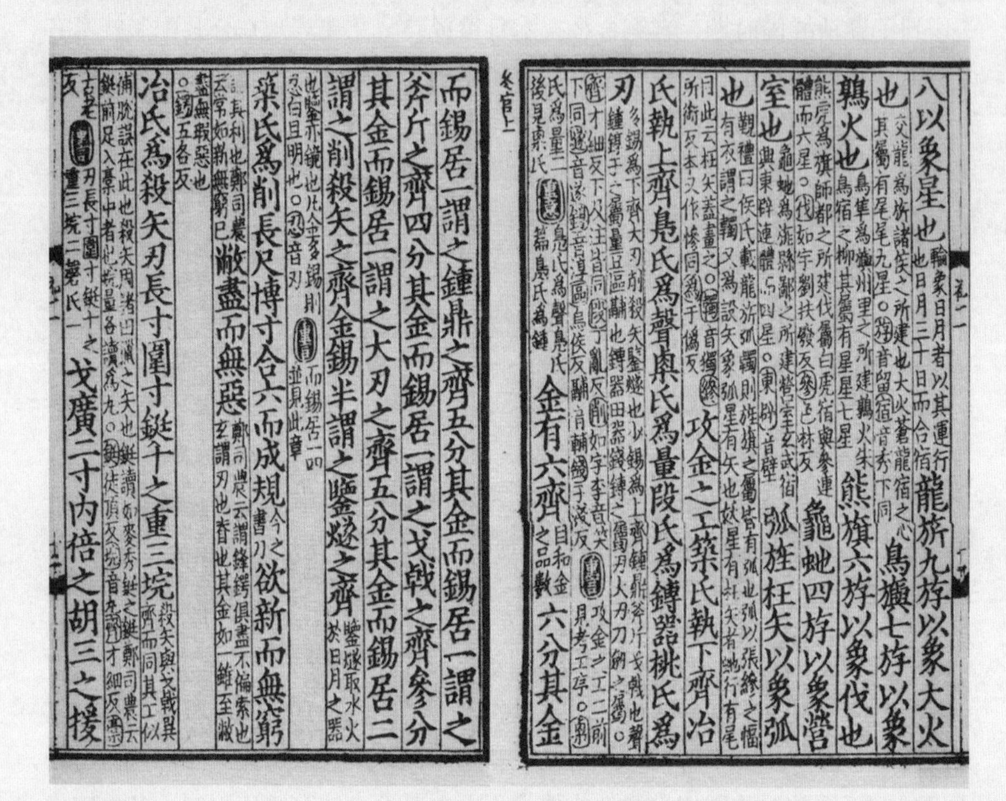
八以象星也龍旂九斿以象大火也鳥旟七斿以象鶉火也熊旗六斿以象伐也龜蛇四斿以象營室也弧旌枉矢以象弧也攻金之工築氏執下齊冶氏執上齊梟氏為聲㮚氏為量段氏為鎛器桃氏為刃金有六齊六分其金

而錫居一謂之鍾鼎之齊五分其金而錫居一謂之斧斤之齊四分其金而錫居一謂之戈戟之齊參分其金而錫居一謂之大刃之齊五分其金而錫居二謂之削殺矢之齊金錫半謂之鑒燧之齊築氏為削長尺博寸合六而成規欲新而無窮敝盡而無惡冶氏為殺矢刃長寸圍寸鋌十之重三垸戈廣二寸內倍之胡三之援

图4.16　《周礼·考工记》对“六齐”的记载

（北京大学图书馆藏宋刻本）

不过，“六齐”的配方与青铜实物成分之间也存在一定的差异，一是除钟鼎外，其余五“齐”规定的锡含量都大于考古实物中测定的锡含量，而且大大超出了允许的误差范围；二是青铜器物一般都会含铅，而“六齐”记载中没有介绍铅的含量。所以也有观点认为“六齐”的成分只是从某一角度反映青铜器物的最佳或理想成分，这一配制比例在多数的实践中却是无法实现的。

《考工记》中还记载有判断青铜质地是否纯洁的方法，那就是通过火焰颜色。书中记载，当冶炼时，“黑浊之气竭，黄白次之；黄白之气竭，青白次之；青白之气竭，青气次之；然后可铸也。”加热金属时，由于蒸发、分解和化合等作用生成不同颜色的气体。当铜料附着的碳氢化合物燃烧时会产生黑浊气体，随着温度的增高，氧化物和硫化物以及某些金属挥发，形成了不同颜色的烟，当铜和锡中所含杂质大部分挥发后，就表明精炼成功，可以用于浇铸，这也是中国冶金史上最早关于火焰颜色鉴别的记载。现代词汇中还依旧使用“炉火纯青”这个词，这正是青铜冶炼技术在日常用语中的真实反映。

第五章 铜的铸造

青铜铸造是将铜或其合金熔炼成液态浇入铸型中，并经冷却凝固后，得到预定形状、尺寸和性能铸件的过程（图5.1）。中国古代不同时期的青铜铸造遗址多分布于河南、山西、陕西、安徽和贵州等地，大量出土实物为了解和研究当时的铸造技术提供了宝贵的资料。古代的铸造技术大致分为石范铸造、泥范铸造、金属范铸造和失蜡法铸造等。此外，还有叠铸技术，属于一种特殊的泥范铸造。

一、青铜铸造遗址

中国的铸造技术起源于新石器时代晚期的马家窑文化和马厂文化时期，已经有五千多年的历史。目前已有不少与铜相关的新石器时代的考古发现，如属于仰韶文化时期的陕西姜寨遗址就出土过铜块，是中国目前最早的人工冶炼所得的铜块，但这毕竟还不是铜器。山西陶寺龙山文化遗址出土有铜铃，河南登封王城岗龙山文化遗址出土有盉形铜器残块，这些都是中空器物，已经属于较为复杂的铜铸品了。属于龙山文化中期的河南汝州煤山遗址和郑州牛砦遗址还发现有炉壁残块，表明当时已脱离了最原始的炼铜阶段。不过，虽然目前已发现不少新石器时期的铜器或冶炼痕迹，但就当时的技术条件而言，采矿与冶炼大多较为原始，铜器生产数量也非常有限，还没有形成大型的铸造基地。

图5.1　铜的浇铸

1. 商周铸造遗址

商代早期的青铜铸造遗址主要有偃师二里头，该遗址位于河南省偃师市西南九千米处的二里头村，其中铸铜遗址大部分集中在四区中北部，范围大致为东西120米，南北60米左右，面积近10000平方米。这也是目前已知我国年代最早的铸铜遗址，前后延续使用300年左右（公元前1800～公元前1500年）。遗址出土有泥范、炉渣、炉壁残块、浇口铜、扉边铜块、绿松石及铜工具等（图5.2）。据残存炉壁尺寸推测，当时熔铜炉直径约20厘米，深约18厘米，出土的泥范皆残缺，范外刻有合范符号，铜工具出土有刀、锥、凿、锯、钩，兵器有铜镞等。遗址中还发现红烧土硬面和铜液洒泼形成的铜渣层以及可能被用于烘烤和预热泥范的具有多层火塘的房屋，此外还发现浇注青铜器的专用操作面。

图5.2　偃师二里头铸铜遗址出土的泥范

商代具有代表性的铸铜遗址还有河南郑州商城的南北两处遗址以及安阳殷墟铸铜遗址。郑州商城铸铜遗址位于河南郑州市商城南郊和北郊，为商代前期的铸造遗址，共发现两处，一处为南关外铸铜遗址，一处为紫荆山铸铜遗址。南关外铸铜遗址位于郑州商城南墙外700米处，面积约2500平方米，遗址内发现11处铸造场地、28个窖穴和两座烘范窑。与铸造有关的遗物有铜矿石、炉壁残块、泥范、熔渣、木炭屑和铜器等，泥范包括武器范、容器范、生产工具范三大类，近20种，其中以工具范最多，说明该遗址可能主要铸造生产工具。紫荆山铸铜遗址位于郑州商城北墙外30余米处，现发掘面积达1450平方米，遗址内发现房基6座，大小不等的铸铜场地和8个灰坑。与铸铜有关遗物包括铜矿石、泥范、木炭、熔渣、熔铜坩埚、残铜器和陶器等。泥范有刀范、镞范、车轴头范、花纹范和容器范等。发现的熔铜坩埚有两种：一种为灰陶大口尊，外涂草拌砂泥制作而成；另一种为粗砂厚胎陶缸坩埚，与南关外铸铜遗址熔铜坩埚相似，不同之处是南关外遗址还发现有一种泥质的坩埚残片。

安阳殷墟铸铜遗址位于河南省安阳市西北郊，包括有多处晚商时期铸铜遗址，其中以苗圃北地和孝民屯村遗址较大。苗圃北地遗址约10000平方米，1959～1964年期间共发掘5000多平方米，遗址主体在殷墟二期以后，以铸造礼器为主。发现有夯土围墙房基、烧土硬面、礓石粉硬面等作坊遗迹以及泥范、泥模、炉壁、炉渣、木炭、铜质和骨质工具等。泥范有工具范、礼器范和兵器范三种，以礼器范居多，可能是以铸造礼器为主的铸铜作坊。孝民屯遗址位于孝民屯村西，面积约150平方米，发现有泥范、泥模、炉壁残块和铜刀等（图5.3）。苗圃北地和孝民屯村遗址的泥范表明当时铸造技术有了较大进步，一方面内芯设有芯撑或芯座，另一方面使用了组装模，可以将小块范组装成大块范，然后将大块范合范，并糊有草拌泥加固和烘烤，从而降低了复杂铸件的制作难度。

图5.3　孝民屯村铸铜遗址出土的簋复合范

除了河南，在江西地区也发现有商代铸铜遗址，如位于江西省樟树市的清江吴城铸铜遗址。该遗址于1973年发现，是首次在长江以南发现的商代铸铜遗址。先后四次发掘，面积达1788平方米，出土有石范、铜渣和木炭以及铜质、石质、陶质等工具。其中成形的石范有103块，以凿、斧、锛、刀、戈、镞、钺等为主，石范大多为红色粉砂岩，也有少量为灰白色或青灰色，部分石范上刻有文字和符号。

西周的铸铜遗址主要有洛阳北窑铸铜遗址和扶风周原李家村铸铜遗址。洛阳北窑遗址位于河南洛阳市北窑村西南，为西周前期青铜器铸造作坊遗址，于1973年发现后进行了多次发掘。该遗址面积约14万平方米，发掘面积2500平方米，出土有房址、灰坑、烧窑、祭祀坑和墓葬等遗迹以及大量泥范、熔炉残壁、鼓风管残块、铜器和陶器等遗物。熔铜炉据推测分为坩埚式、小型竖炉式和大型竖炉式三种，熔炉炉壁采用加砂草拌泥条盘筑，炉圈上下有榫卯套合，其中的大型竖炉设有风口，风口直径13～14厘米，风口间角度为90°。遗址出土有大量泥范和泥模，多为青灰色，质地较硬。内芯为砖红色或青灰色，相对较松软。外范分为两层，两层总厚度在4厘米左右，内层为浇注面和分型面，厚1厘米左右，多为青灰色，质地细腻、坚硬。外层为灰红色，含有较大颗粒砂子，质地粗糙。这些泥范中，以礼器范为主，包括鼎、簋、卣、尊、爵、觚、觯等，兵器范及车马器范则较少。

扶风周原李家村铸铜遗址，位于陕西省扶风县法门寺镇李家村西，为周原遗址中心区域，自2003年进行发掘以来，发掘面积有1200平方米，遗址内的143个灰坑中发现有大量遗物，包括泥模、泥范、炉壁残块、铜块、铜渣和红烧土等。该铸铜遗址可能自西周早期一直沿用到西周晚期，出土泥范中以西周中晚期居多，所铸铜器类型有容器、兵器、乐器、车马器四大类，是一处综合性铸铜作坊。该遗址出土泥模种类较多，有虎形车辖模、车軏模、车軎模、马镳模等，纹饰有虎形纹、夔纹、重环纹、涡纹等（图5.4）。泥范背面有合范用刻槽和标记，合范的榫卯以三角形、锥形榫卯为主。炉壁采用泥条盘筑而成，直径约80厘米，已被烧成青灰色。

图5.4 周原遗址出土的车軎

2. 春秋及战国铸造遗址

侯马晋国铸铜遗址位于山西省侯马市牛村古城南，为春秋中期偏晚到战国早期遗址，于1952年被发现，1992年进行发掘，共发掘总面积7000余平方米，其中以二号和二十二号两处遗址出土的泥范最为丰富，前者以礼器、乐器范为主，其次还包括生活用具范、车马具范及少量的工具范，这些范大多未经浇注，少量范已经合好待铸；后者以工具范为主，有少量的兵器范、车马具范等。距二十二号遗址约200米处，也出土有礼器、车马器、兵器、工具等泥范（图5.5）。2002年再次发掘460余平方米，又出土大量与青铜冶铸有关的遗物，包括泥范块和大量炉壁以及鼓风管和坩埚残片等。熔炉为内加热式，二节或三节炉，炉体由上部的炉圈和下部的炉盆组成，并设鼓风管。早期鼓风管为直筒直嘴，晚期变成牛角形风管。遗址出土泥范的纹饰种类计有20余种，以蟠螭纹最普遍。纹样采用圆雕、浮雕、线刻等手法，数量最多的是浮雕式。该遗址出土的大量泥范，表明当时铸铜作坊规模巨大，分工明确，应当是一处官营的铸铜作坊。

新郑大吴楼铸铜遗址位于河南省新郑市郑韩故城，为春秋战国遗址。该遗址面积达十多万平方米，在春秋文化堆积层中发现大量泥范、铜渣、木炭屑以及熔铜炉残块和鼓风管等。出土泥范为青灰色，多为镬、镰、铲、锛和凿等生产工具范，其中镢范的数量最多。另外，在战国文化层里，也发现与铸铜有关的泥范、熔炉残块、铜渣和鼓风管等。

图5.5　侯马晋国铸铜遗址出土的泥范

（山西博物院藏）

亳州北关铸铜遗址位于安徽省亳州市北关马场街，为战国时期楚文化的一处铸铜遗址。于1972年发现，1981年试掘。遗址表面散布着许多泥范、坩埚以及一些碎陶片和铜片等，还发现有灰坑两处，灰坑中出土有铜印章、铜带钩以及夔纹、饕餮纹、云雷纹、回纹的残损泥范。

3. 秦汉及以后铸造遗址

秦汉之后，随着铸铁技术的发展，铸铜产业日趋衰退，但依旧有一些铸造遗址陆续被发现。普安铜鼓山铸铜遗址就是一处战国秦汉时期遗址，位于贵州省普安县青山镇东北，遗址面积约4000平方米，发掘近1600平方米。该遗址为一处以小型兵器为主，生产工具和装饰品为辅的铸铜作坊，遗址出土有石范34件、泥模7件、泥芯2件、坩埚3件。

南阳瓦房庄铸铜遗址，位于河南南阳市瓦房庄，是一处汉代遗址，主要铸造车马饰物和日常用器。该遗址为手工业作坊遗址，包括有铸铜、铸铁和制陶等。其中，铸铜遗址东西宽52米，南北长60米，面积3120平方米。出土有泥范、泥模、铜渣、草木灰和陶器等。泥范有马衔范、盖弓帽范、单泡范、双泡范、单环范、双环范、四环范、兽形范、辔饰范、乳丁范等。

扬州铸铜遗址位于江苏扬州市，是一处唐代铸铜遗址，于1975年发现，面积约200平方米，出土炼炉9座，部分与熔铸铜合金有关，其中包括5件完整的坩埚，坩埚多以较厚的夹砂粗陶和泥质陶制成，为灰黑色圆筒状或杯状，长3～27厘米，直径4～10厘米。坩埚的伴出物含有铜矿石、煤渣和铜锈块等。

荥阳楚村铸造遗址位于河南荥阳市东南20千米处的楚村西南，是以铸造农具为主的元代遗址。遗址中心区东西60米，南北80余米，面积约5000平方米。出土有坩埚、铜模、残炉壁、炼渣和陶窑等。坩埚以碎片具多，大都经过使用，内外壁皆有熔融痕迹，且粘有炉渣及煤块，该遗址并未发现熔炉基址。

二、范铸法

范铸是使用范组合成铸型，进行浇注的方法。现代词汇“模范”就是源于古代冶铸术语。用于制作范的模型被称作“模”，模有不同材质，如木模、泥模、金属模以及蜡模。用来制作铸件外廓的铸型组成部分被称作“范”，是铸造金属器物的空腔器，范也有不同材质，如石范、泥范、金属范、砂型范等。此外，范铸法还有不同的形式，如浑铸、分铸等。尤其是分铸法的普遍使用，使得商代青铜器铸造达到了高峰，并且影响了整个西周时期（图5.6）。大约从春秋中期起，随着铸焊技术和失蜡法的发展，单一的范铸技术逐步被包括分铸、焊铸、镶嵌等工艺的综合铸造技术所代替。

通过块范铸造青铜是中国古代青铜铸造最为鲜明的技术特征之一，这与西亚和欧洲地区以锻造和失蜡法为主的青铜制造传统不同。块范法始于新石器时代晚期，是中国古代占主导地位的金属成形工艺，山西襄汾陶寺遗址出土的铜铃就是目前已知最早使用复合范铸型制作的铜器。

1. 石范铸造

古人在长期石器制作的基础上，开始使用软质石块挖成简单型腔，就形成了石范，可用来浇铸简单的铜器。石范通常用质地较松软的砂岩、滑石、千枚岩或片麻岩凿成，由于制造费时，在高温铜液的作用下，容易崩裂脱落，长期以来仅限于制造工具和兵器类。但因其坚固耐用，所以石范从原始时期到商周时期都在使用。

我国出土古代石范的地区十分广泛，几乎各省区都有发现。目前年代比较早的有甘肃玉门火烧沟遗址中出土的镞范，为泥质砂岩结构，并且经过了多次浇注，属甘肃四坝文化类型，不晚于公元前1600年。此后，还有属于夏、商、周各代的数量不等的石范被发现。石范发现数量较多的时期为西汉，当时大部分石范都是用于铸钱，很少有铸造实用器的石范，两汉之后的石范，出土就相对较少。

图5.6　青铜范铸场景

（源自《中华遗产》）

除了铜币，石范主要用于铸造斧、镞、矛、钺、剑等器形简单的工具和兵器。出土的石范多为双面范，斧范、钺范等为双面有芯范，但极少发现有范芯。石范中器物的数量有一范一器型、一范两器型与一范多器型，斧、锛、钺等多为一范一器，镞范和削范等多为一范两器或多器。如甘肃玉门火烧沟遗址出土的镞范为一范两器型，一范多器型的则发现于山西夏县东下冯遗址。

石范出土最为集中的还有江西樟树吴城商代遗址，该遗址先后发现刀、凿、镞、锛、斧、戈、钺、铲等范300多块。石范分型面和背面都非常光滑，有的石范为了注入铜液和排气，在一端刻有直浇口和浇口杯。有的一端两侧刻有很浅的纵凹槽和横凹槽或者有纵横凸棱、乳丁式凸起、似浅窝的榫眼等，这些应该都是双合范子母榫口相结合的标记，以方便固定和扣合两范的位置。出土较大的石范则有江西省德安县陈家墩遗址出土的商代石范，范内为双戈，长33厘米，是目前发现最大的石范之一。

2. 泥范铸造

泥范是使用筛选过的黏土和砂配制，经过缓慢阴干、烘烤而成的。它由制陶技术发展而来的，由于焙烧温度高时，泥范会接近陶质，所以有时也称泥范为陶范。泥范铸造是中国古代铸造的主要方法，商周时期遗址出土的铜器大部分是采用泥范铸造的（图5.7）。

图5.7　商代泥范

（源自《中华遗产》）

早期泥范一般直接从实物翻制，而且大多使用单一材料，为了改善泥范的性能，商晚期或西周初期泥范已经有了面料和背料的区分。古代泥范的造型材料使用黏土和砂，主要是因为黏土在湿态时具有很好的可塑性，易于制作、修整、组合与装配，砂则可以提高耐火度，增加强度。由于基本上都是就地取材，所以各地泥范中的含砂量和颗粒度并不完全一致。为了减少收缩和利于通气，芯和模的中心以及范的背料也会掺有植物。范料在使用前还需在一定的温度和潮湿环境中搁置一段时间，这个过程叫陈腐。陈腐后的范料可以提高各向均匀性和强度，从而减少变形，满足翻制铸件的需求。泥范制成后还要经过一定温度（700～900 ℃）的焙烧，在各时期的铸造遗址中大都发现有焙烧泥范用的烘范窑。经过焙烧的泥范可以提高耐火度和强度，减少发气量，但焙烧温度也不能过高，一旦温度过高，会出现变形和气孔等缺陷。

按铸范的组成数量，泥范可分为单合范、双合范和复合范。单合范是用一块有型腔的范与另一块平面范组合而成，用于铸造比较简单的器物，如铜锛、铜凿等。双合范是由两块有型腔范组合而成，用于铸造镞、矛、戈、戟等兵器（图5.8）。复合范则是由三块以上的有型腔范组合而成，用于铸造鼎、爵、钟等形制复杂的器物。泥范属于一次性铸型，大多数情况下只能用一次。不过，春秋时期也出现了可以多次使用的半永久泥范。

图5.8　侯马白店铸铜遗址出土的双合范

（源自《侯马白店铸铜遗址》）

泥范铸造技术在商周时就基本确立，之后变化不大，大致工序包括：制泥模、制范、合范、焙烧及浇注。

古代匠人铸造新器物之前，需要先用塑性好的泥料制成器物的实心泥模，并在上面镂刻或模印花纹，这就是制泥模。泥模又称为母型，它是制芯的基础，最初的铜器通常是仿照竹木器或陶器，比如鼎、鬲、爵等都是仿陶器物。泥模上一般都会有平雕或凸雕的花纹，其中凹入部分的花纹是用刀雕刻而成，凸起部分的花纹则是用泥雕刻完毕后再贴上去的（图5.9）。

泥模做好后，就要翻范。将调制和匀的泥土范料，拍打成平片按在泥模外部，然后把贴在泥模上的泥片划下来后再合拢在一起作为器物的外腔，即制作外范，外范又称为铸型。制外范时，还要做出三角楔形或其他形状的榫卯以及刻画合范标志。另外，对一些要求采用分铸的附件如耳、柱、兽头装饰等，则要在外范相应位置留空，以便合范时能将附件嵌入范中。通常器物上的花纹是刻在泥模上，然后反印于外范内壁上的，而且商周时期青铜器的铭文也是铸上去的。到了春秋时期，才出现在青铜器上刻铭文。

图5.9 侯马白店铸铜遗址出土的泥模

（源自《侯马白店铸铜遗址》）

制内范一般有三种方法：一是将泥模表面刮去一层而成，刮去的厚度即器物的厚度；二是使用芯盒制内范；三是利用外范翻内范。第一种方法比较常见，泥模刮去一层后成为内范，外范与内范中间的空隙，则用于浇入铜液。

合范是将分别制好的外范及内范合拢成型，并用糊草拌泥，然后阴干。为了固定泥芯，同时也为了更好地控制铸件的壁厚，在合范中还会使用泥芯撑或金属芯作为支撑。尤其是金属芯撑，一般与铸件壁厚一致，在合范过程中放入型腔，不但起着加固的作用，而且还能加速铸件冷却。如湖北盘龙城遗址

(图5.10)、江西新干大洋洲商代大墓遗址等出土的青铜器在铸造时都普遍使用了芯撑。

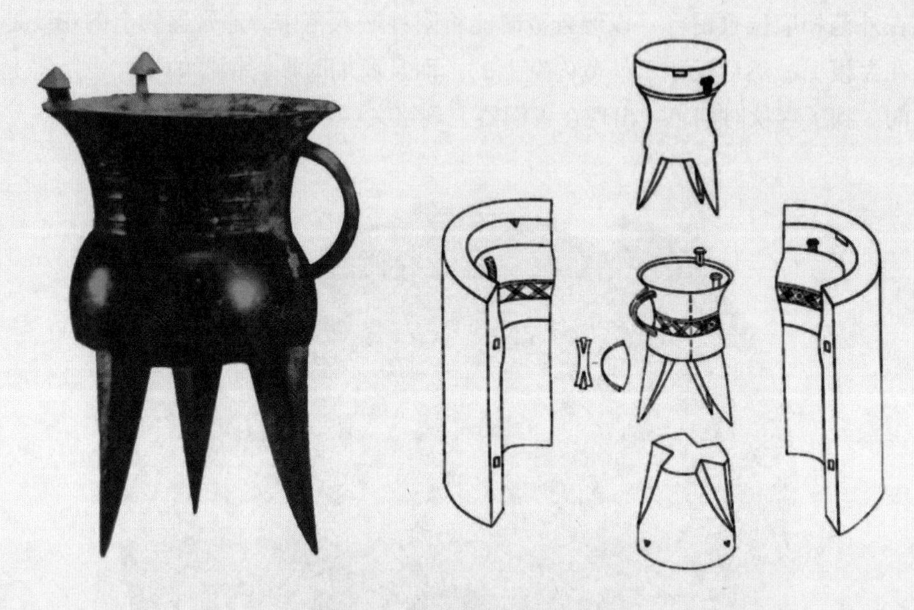

图5.10　盘龙城青铜斝范铸图

(源自《盘龙城:长江中游的青铜文明》)

因为泥范含有较多水分，遇到金属液会产生气体，导致泥范爆裂或造成气孔，所以在泥范合范之后，还需要经过烘烤才能浇铸。经过烘烤后，范强度不仅增强，泥芯所含有机物燃料燃烧后留下的孔洞还能提高透气性。此外，小型铸件内浇口一般很小，如果范的温度不高，金属液容易凝固堵塞，产生废品，烘烤后趁热浇注可避免这种问题。

浇注过程是将范埋入砂中，以防“跑火”，熔化的铜液温度会达到1200 ℃以上，坩埚从熔炉中提出后，稍作等待即可注入浇口，浇注温度一般应在1100～1200 ℃。浇注时要控制好速度，以快而平稳为宜，浇注的方法一般是用顶注式浇口。细长的铸件也可使用中注式，又称侧注式，即直浇口是在铸型的一侧，这种浇注方式可以缩短浇注时间，减少缩孔。也有在直浇口与型腔结合处做有三角形或半月形的榫，把铜液分成两股引入型腔，使得液流平稳，减少对型腔芯的冲击。此外，三足器或四足器等容器的浇口也可置于足端，三足器以一足为浇口，另两足当排气孔，四足器可能两足作为浇口，另外两足排气。

商周时期铜器型制多变，纹饰繁杂，制作精良，为了实现各种不同的铸造效果，对泥范法工艺又进行拓展，包括有浑铸、分铸、焊铸及嵌铸等多种方式。

浑铸是将结构复杂的铸件分成多个部分，制作各部分泥范后，再将不同部分的范组合为整个器物的铸范的方法。这种方法可以一次浇注完成，也称分范整铸法，中国古代很多精美铜器就是采用这种铸造方法的。

分铸是将青铜器各部分经两次或两次以上浇注成形的铸造方法，因为通常需要将各部件与器物主体连接，也称为铸接。它适用于铸造整体造型复杂，但某些部件不能联体制范的器物，如活动却不能取下的提梁、立体的附饰等。分铸具体又包括“先铸法”“后铸法”和“多次铸接”三种形式。先铸法，附件先于主体铸造，即先铸附件再放入陶范铸型，浇注时与器体连接的方法。后铸法，附件后于主体铸造，即先铸器体，在需要接铸附件的部位留有凸榫或孔，然后在相应位置给附件制模、合范、二次浇注，将附件和器体合为一体。多次铸接则是先铸法和后铸法的综合运用，通常用于卣等有多个彼此相连部件的器物。目前已知最早的分铸法铸件是距今约3600年的甘肃玉门出土的四羊首青铜权杖头，这件器物上的四只羊头为先铸件，嵌入铜权杖头的铸范上，再次铸接而成(图5.11)。

图5.11　四羊首青铜权杖头

（甘肃省博物馆藏）

分铸法的发明与运用，可以说是古代泥范法铸造的重大突破，许多耳熟能详的精美青铜铸件都是由此法铸造而成的，如商代司母戊鼎（又称后母戊鼎）、四羊方尊等。一直到宋元和明清时期，分铸法仍是铸造大型青铜的主要方法，如宋代的正定铜佛、明永乐大钟等都是分铸法的杰作。

司母戊鼎通高133厘米，长116厘米，宽79厘米，重875千克，是目前已知上古时期最重的青铜器，它的铸造反映了殷商青铜冶铸业的技术水平。铸鼎时用陶土型模倒扣在芯和底范上，然后翻范，鼎腹每一面由一块整范嵌六块分范形成。各块分范可在分模上翻制再嵌入整范，鼎腹和鼎足用一块范铸出。纹饰部分使用分范，以便制模、翻范和修整。鼎身和鼎足是浑铸的，鼎耳采用了分铸法，是在鼎身铸成后，再安模、翻范、浇注而成。

事实上，如果仔细观察，还能发现司母戊鼎上有铸造时留下的一些痕迹，鼎的侧壁在浇铸时曾出现错位，而且四条鼎腿下半部分的粗细也不一样（图5.12）。这有可能是在第一次浇铸时，由于泥范体积太大，铜液冲刷太猛烈，使鼎的侧壁内部带有花纹的泥范破裂，被铜液渗入。结果导致预计的铜液没有把整个泥范浇满，使鼎腿短了一截，后来继续浇铸的部分就使鼎腿变粗了。

图5.12 司母戊鼎及其铸型

焊铸是通过焊接技术连接青铜部件。例如，事先铸好青铜壶两侧的手柄，再用低熔点铅锡焊料将其焊于壶体上，壶体上还铸有突榫，对准附耳位置后，可以焊接得更加牢固。

嵌铸是将铜器上的纹饰预先用红铜制成纹饰片，然后放置于铸范中，当浇注铜器后，红铜花纹片也就嵌铸于器物表面。湖北随州曾侯乙墓出土盥缶的红铜纹饰就是使用了这种方法。

3. 金属范铸造

金属范铸造是在泥范和石范基础上发展起来的，它使用金属材料铜或铁作为型范以浇注铸件。这种铸型可以重复利用，适合于批量生产，生产效率较高，但对技术有严格要求。

中国古代金属范记载可见于《汉书・董仲舒传》，有“犹金之在镕，唯冶肯之所铸”，其中的“镕”即金属铸成的“范”。最初的铜范采用直接浇铸方式，后来的铜范，多为阳文母范，主要用来翻制子范铸钱。母范的出现是制作钱范技术的进步，因为手工雕刻钱范费工费时，用范模直接印影子范，一副铜范可供数百次的浇注，大幅缩短制范时间，且铸出的钱币规整划一，有利于提高铸钱质量。最早的金属范铸出现于春秋战国时期，被用于铸造铜钱，有阴文铜范和阳文铜范。秦汉时，铜范在铸钱中仍被广泛使用，用于实用器的铜范则很少(图5.13)。

罗振玉在《古器物范图录》中曾拓片有齐刀范盒。该范为长方形，四角略圆，盒的正面周围为边框，作为翻制泥范的框架，盒的底部分列两枚阳文“齐法化”齐刀，一正一背，刀柄正中有小圆点，应当是翻铸范盒时在泥范上用规作圆时的遗痕。范盒中心线处有明显的铸缝凸起，是翻铸范盒时所用两片泥范接缝遗迹。中间的圆柱设置为直浇口，每刀形成两条内浇道，两侧使用榫卯定位，盒的背面是平的（图5.14）。用这种范盒翻制的范片，每两件正好合成一副两面的泥范，用多层泥范叠在一起，并用草秸泥加固后，就可形成成套的叠铸范。这就是使用一件模具来制作所有叠铸范的方法。

图5.13　《天工开物》铸钱图

（武进涉园据日本明和八年刊本）

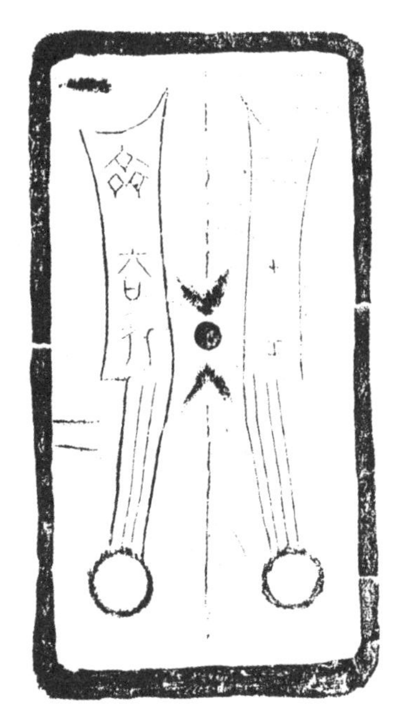
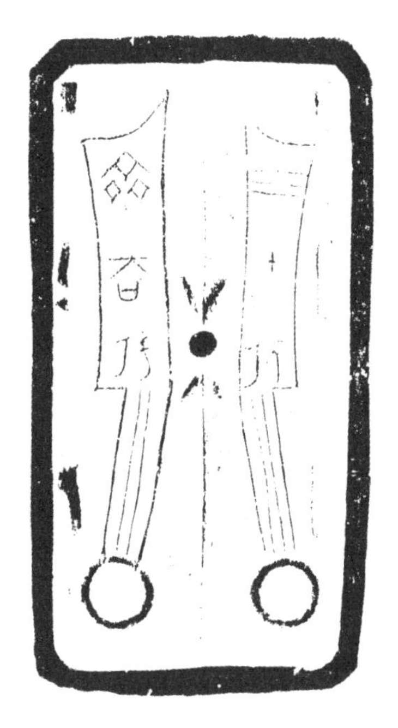

图5.14 《古器物范图录》刀币范盒拓片

铜范的铸造通常要经过刷涂、合范、预热、浇注、启范及取出六个步骤。首先在铜范上刷一层涂料，来保持范内的润滑，同时减少高温铜液对型腔的冲蚀和热量冲击，调节钱币的冷却速度，便于分离和改善透气性能。涂料一般由三类物质组成：耐火材料（如滑石粉）、黏结剂、溶剂（如水）等。合范阶段将范扣合在砂陶板上，用捆扎装置固紧，防止浇铸时膨胀，造成面范和背范分离。为了增加铜液在铜范内的流动性，需要先将合好固紧的铜范预热到150～250 ℃，如铜范温度过高，还要用水适当降温。浇注时，将高温铜液从浇口注入范内，直到铜液填充到浇铸口为止，待范内的铜液冷却凝固，开启铜范即可取出成品。

4. 铸件的焊接

青铜铸件焊接是将分别铸造好的青铜器主体和足、耳等附件，用金属材料焊接成整体的工艺技术。所用焊接材料通常为铜、锡或铅，其中熔点低、材质软的称为软焊料，熔点高、材质硬的称为硬焊料。关于三种不同焊料的使用时间，学术界有不同观点。一些学者认为，最初出现焊接法时，所用的焊料都是与母体成分基本相同的青铜材料。春秋中晚期，焊料才有了新发展，低熔点的金属锡和铅锡合金被广泛应用。另有学者认为，春秋之前主要使用铅锡焊，战国早期才出现了铜焊。铅锡焊又分高温型和低温型两种，高温型约与现在的软钎焊相当，低温型为汞齐焊，焊料都是铅锡及其合金。铜焊与现在的硬钎焊类似，都是高温焊，铜焊所用焊料包括红铜和铜合金两种。

西周晚期，我国就已经出现了焊接技术，但当时使用不是很普及。1956～1957年，河南三门峡上村岭虢国墓地出土了181件青铜器，其中的部分壶耳和匜鋬都是使用焊接方式连接的（图5.15）。匜的鋬被焊接在器体上的，器体相应部位都留有榫头用来固接，这也是目前已知我国最早的焊接器物。春秋时期，金属焊接技术有了一定发展，河南郑州、洛阳、淅川等地都有焊接件出土。战国时期，焊接工艺开始被广泛使用。

图5.15　虢太子墓出土的铜匜

（河南省三门峡市虢国博物馆藏）

青铜焊接具体有两种操作方法。一是在各种附件根部留出芯撑，即榫头。在器体相应部位留出铆眼，两者相互套和后，再用焊料固定。器体上的铆眼有的穿透器壁，有的未穿透。为了使连接更为牢固，一些器物的附件榫头插入器壁后，使用锤将顶端铆住。二是在器体上预铸铜疣，再将附件相应部位剜出一部分泥芯，将两者套和后，再焊接成一体。

三、叠铸法

1. 叠铸的发展

叠铸也称“层叠铸造”，也是范铸的一种，指将多层铸型叠合，组装成套，从共用浇口杯和直浇道中灌注金属液，一次得到多个铸件的铸造方法，这种方法非常适用于小型铸件的大批量生产，尤其是铸造铜钱。如汉武帝元狩五年（公元前118年）开始铸造的五铢钱至平帝元始年间的120年中，共成钱280亿枚有余，年平均铸钱达2亿3000万枚，如此大的产量离不开叠铸技术的使用。

关于叠铸技术的产生的时间，一种观点认为是起始于战国时期，另一种观点认为叠铸起源于西汉半两钱的铸造，汉初圆盘式半两钱范可能就是中国古代层叠铸造的鼻祖。不过，叠铸的大规模使用，是自王莽新朝时期开始的。1958年，西安北部郭家村新莽钱范窑址出土了八型腔大泉五十叠铸范数百套，其中完整的一叠有46层23合，一次就能铸币184枚。1975～1976年，陕西临潼出土的几种阳文莽钱叠铸铜范母，形状有方形和圆形。从出土铸范来看，早期的叠铸工艺较为粗糙和原始，一些铸范仅简单地分为面范和背范，并不对称，而且也没有榫卯结构。

到了东汉时期，叠铸技术得到进一步发展，技术也更加成熟，不仅可用于铸钱，也广泛用于铸造车马器和衡器等小件器物。杭州西湖曾发现有三国孙吴铸钱遗物，其中有34块是用以铸钱的泥质子范，其中还有双面范24块，可知当时已经采用了双面多层叠铸工艺。唐宋之后叠铸技术仍被广泛使用，但不再用于铸造钱币。至今，叠铸技术仍被使用，用以铸造小型铸件。

2. 叠铸法工艺

叠铸技术在汉代就已发展成熟，工艺也比较完备，具体步骤包括制作范盒、制范、叠铸范的合箱和装配、范的烘烤、铜液浇注。

范盒是翻制叠铸范的工具。因为叠铸铸型是用同一范盒翻制出两块范，通过范盒内模样的背向交错，使两范可组成一副完整铸型。能否准确合范是叠铸成败的关键。要准确合范，则必须使泥范尺寸规整、范面平整光洁，能否达到要求，就取决于范盒的制作。

范盒制成后，需要由金属范盒翻制出泥范。范料由黏土、旧范土、细砂、粗砂、草木灰、草秸等组成。之所以选用旧范土，是因为旧范土经过焙烧，性能比原生土优越，能够减少泥范干燥收缩、开裂变形。然后使用加固泥用于固定成套铸范，防止浇注时发生跑火事故。

范的合箱和装配是叠铸技术的重要环节，一般有两种套合方法（图5.16）。一种是心轴组装法，组装时将范块叠在一起，用木质心轴由上而下贯穿中心孔，对准直浇口，再使用加固泥，就形成一套叠铸范。该方法适用于有中心圆孔的范，如轴套范、六角承范等。第二种是定位线组装法，没有中心圆孔的范，如圆环范、革带扣、马衔范等，为防止组装出错，每个范的一侧均划出三条定位线，另一侧划出两条定位线，根据两边的定位线来组装范，直浇口也是采用木质心轴贯穿对准。

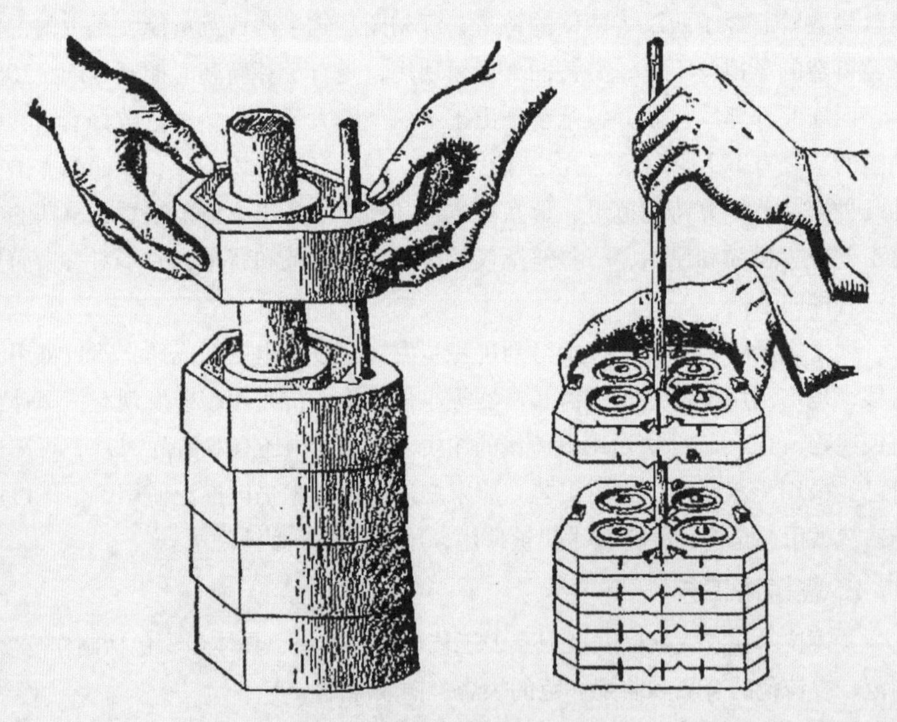

图5.16　叠铸范的两种套合法

（源自《汉代叠铸》）

叠铸范组装好后，还需晾干，使铸型中的水分散失，以防止焙烧时失水过快而出现裂纹。干燥后进入窑焙烧预热，除去多余的水分，增加范的强度和透气性，并且减少范的发气量。烘烤铸范，需要缓慢升温，范的内外温度要尽量达到一致。预热完成后，要使炉温快速上升（600~700 ℃）。铸范烘烤后，要缓慢冷却，出窑后就可以用于浇注。叠铸范的浇注系统则通常由浇口杯、直浇道、横浇道、内浇道组成，需要采用不同类型的浇注系统来浇注不同的铸件。

四、失蜡法

失蜡法，又称拨蜡法、出蜡法或退蜡法等，是古代铸造青铜器的一种方法，先用蜂蜡制作铸件模型，再用其他耐火材料填充泥芯，敷成外范，加热烘烤后，蜡模熔化流失，整个铸件模型变成空壳，再往里浇灌溶液铸成器物。与传统泥范铸造相比，失蜡法简化了翻范、分范、修范与合范程序，为批量生产相同铸件提供了有效途径，而且通过失蜡法还可以方便地制造结构复杂和精美的青铜器物。

1. 失蜡法源流

古埃及和两河流域是世界上最早使用失蜡法的地区，在公元前30世纪的中晚期或更早的时间，这些地区就开始用失蜡法铸造小件饰物。中国的失蜡法技术出现较晚，但至迟在春秋中期或更早就已经出现。春秋晚期，失蜡法已经被广泛使用，现在已知中国最早的失蜡法铸件是河南淅川出土的约公元前6世纪的铜盏部件和铜禁。

中国失蜡法出现年代较晚，可能与商周时期的发达的范铸技术以及独特的青铜文化影响。一方面中国早已发展出非常成熟的复合泥范技术和分铸技术。另一方面，商周时期的大量青铜是作为礼器的，造型庄重，纹样多为线条对称而规格化的兽面纹，对失蜡法的需求也并非十分迫切。

春秋时期，人们思想更加活跃，匠人开始尝试使用攀曲纠结、穿插缠绕的蟠螭等装饰，造成生动活泼、玲珑剔透的艺术效果。如河南淅川春秋楚墓出土的铜禁、铜鼎和铜盘（图5.17），湖北随州曾侯乙墓出土的尊、盘、建鼓座、编钟钟笋铜套等都具有这种艺术效果。这些装饰使用泥范铸造等技术已经无法完成，只能通过失蜡法来实现。

值得注意的是，由于失蜡法擅长铸造形状复杂的铸件，曾经有人将一些几何形状及纹饰复杂的铸件都判定为失蜡法铸造。事实上，器物形状和纹饰的复杂程度并不能成为鉴别铸件是否为失蜡铸造的确切依据，还须参考各种造型方法和加工工艺特点综合作出判断。

战国时期，中国失蜡法应用范围扩大，技术上也更加成熟。它与泥范铸造、错金银等各种工艺技术相结合，制作出大量的精美铜器。这一时期的楚国、曾国、中山国、吴国、越国等地遗址均有精美的失蜡法铸件出土。这些通过失蜡法铸造出的青铜器，如禁、鼎、盏、盘、尊、鼓座等，多采用浪漫主义手法，装饰题材富于幻想。其中，具有代表性的器物有如河北平山县中山王墓出土的十五连盏烛台、嵌金银虎食鹿屏风台座，江苏盱眙南窟庄出土的青铜错金银陈璋园壶等。

图5.17　淅川出土的蟠虺纹铜禁

（河南博物院藏）

到了汉代，失蜡法铸件多为实用器物，如河北满城中山靖王刘胜墓出土的长信宫灯（图5.18）、错金博山炉，云南出土的滇王金印、贮贝器，陕西茂陵出土的鎏金银竹高杯铜熏炉，甘肃武威出土的铜车马俑和铜奔马，湖南长沙出土的牛灯等都是这一时期失蜡法的代表作。魏晋南北朝时期，随着铸造佛像逐渐增多，部分佛像开始采用失蜡法铸造。隋唐时期，通过雕刻艺术与失蜡铸造技术相结合，宗教造像水平也有了很大的提高。

明代是失蜡法使用的又一高峰时期，永乐年间铸造的武当山金殿、宣德年间的宣德炉、正统年间青铜天文仪器的纹饰、万历年间山西五台山的铜塔和铜殿等都是采用失蜡法铸造的。其中，关于宣德炉的著作《宣德鼎彝谱》《宣炉博论》《宣炉歌注》《宣炉汇释》中都记载了其用料、熔炼、着色等内容以及失蜡法工艺。到了清代，仍旧有不少失蜡法铸造的实例，如北京故宫博物院的铜狮、颐和园的铜亭、大钟寺古钟博物馆的“乾隆朝钟”等都是清代失蜡铸造的代表作。

图5.18 汉代长信宫灯

（河北博物院藏）

2. 失蜡法工艺

失蜡法的文献记载最早见于《唐会要》和宋代赵希鹄（1170～1242年）的《洞天清禄集》。《唐会要》引郑虔（691～759年）《会梓》记载，唐初铸造“开元通宝”，文德皇后在看到“蠟样”后，在样上掐了指甲痕。其中，“蠟”就是蜡的古写，蠟样即蜡模。《洞天清禄集》则记载了失蜡法的整个工艺过程：

古者铸器，必先用蜡为模。如此器样，又加款识刻话，然后以小桶加大而略宽，入模于桶中。其桶底之缝，微令有丝线漏处，以澄泥和水如薄糜，日一浇之，俟干再浇，必令周足遮护。讫，解桶缚，去桶板，急以细黄土，多用盐并用纸筋固济于元澄泥之外，更加黄土二寸。留窍，中以铜汁泻入，然一铸未必成，此所以贵也。

另外，明代宋应星的《天工开物》中对失蜡法也有记载，清代朱象贤的《印典》则记载了失蜡法铸印过程中对泥料和蜡料的处理方法：

拨蜡，以黄蜡和松香作印，刻纹、制钮。涂以焦泥，俟干，再加生泥。火煨，令蜡尽，泥熟。镕铜，倾入之。则文字纽形，俱清朗精妙。

拨蜡之蜡有两种，一用铸素器者，以松香熔化，沥净，入菜油，以和为度。油量春与秋同，夏则半，冬则倍。一用以起花者，将黄蜡亦加菜油，以软为度，其法与制松香略同。凡铸印，先将松香作骨，外涂以黄蜡，拨钮刻字，无不精妙。

印范用洁净细泥和以稻草烧透，俟冷，捣如粉。沥生泥浆调之，涂于蜡上，或晒干，或阴干，但不可近火。若生泥为范，铜灌不入，且要起窠，深空也。熟泥中黏糠粃、羽毛、米粞等物，其处必吸，铜不到也。大凡蜡上涂以熟泥，熟泥之外再加生泥，铸过作熟泥用也。

古代蜡模的材料有黄蜡（蜜蜡）、白蜡（虫蜡）、松香（松蜡）、牛蜡（硬蜡）以及菜油等。蜡料的处理也分为“捏蜡”和“水蜡”两种。捏蜡由是六成的蜂蜡和四成的牛油调成，自然环境中不融不脆，可随意赋形，故称捏蜡。水蜡以松香为主，搀入一成的蜂蜡和少量植物油，常温下硬而脆，放入温水中柔软可塑，所以称水蜡。

古代失蜡法所用壳型材料主要是黏土，即所谓的澄泥、细黏土、焦泥等。其中，黏土在水中经过多次过滤，去水中飘浮物，最后沉淀的泥就是澄泥。铜器铸表是否晶莹光亮，就与泥的细腻程度有关。焦泥则又称熟泥，是将很细的黏土与稻芒烧透后捣成的粉混合。

失蜡法的整个过程大致如下，先是制芯，以黏土加入适量细砂和有机物质制成泥芯。再制蜡模，一般使用蜂蜡、石蜡、松香和油脂，蜡的配比因器物不同而有所变化，强度高者，用松香基蜡料，塑性强者，则用蜂蜡基蜡料。蜡的塑性与气候有关，还需加入油脂进行调节。即将蜡和松香融化后，加入一定油脂，搅拌均匀后，冷凝成蜡料，制造蜡模。然后，给蜡模涂上涂料来制型，涂料由马粪泥、纸浆泥等组成。焙烧出蜡时，可翻动的铸型，浇口杯朝下，便于排蜡。无法翻动的铸型，则于蜡模最低处专设排蜡口。蜡液融化流出后，就可以浇注铜液，待铜液凝固后，经过清理加工就可获得青铜铸件的成品（图5.19）。

图5.19　使用失蜡法铸造青铜熏炉过程示意图

第六章 铜的其他合金

早期黄铜和砷铜等合金较为原始，通常是由铜的共生或混合矿冶炼偶然得到的。汉代以后，随着炼丹术的兴盛，黄铜、砷铜等合金也往往只是炼丹术士“点化”所得的副产品。直到明代大量金属炼锌的实现，黄铜才逐渐开始由单质铜和锌来配制。镍白铜合金的冶炼则更晚，到清代才开始大量生产。

一、砷铜合金技术

砷铜指含有砷的铜，即铜和砷的二元合金，是人类历史上较早使用的合金。砷铜在古代的西亚、中亚以及欧亚草原地区流行较广。砷铜的机械性能虽然不比纯铜好多少，但砷铜在加热情况下，锻造时能更快地硬化，硬度也高于红铜，比红铜具有更好的锻造性能。从外观上看，含砷2%的铜呈金黄色，而含砷4.6%的铜则闪耀出银色的光辉，当砷含量高于6%时金属则呈暗淡的白色。

1. 砷铜的起源

在世界早期文明发达的地区，砷铜的使用普遍早于锡青铜。公元前5000年，西亚地区的人们就开始使用砷铜，比锡青铜早了近2000年。考古也发现，俄罗斯、不列颠岛、智利和墨西哥等新旧大陆的很多地方也都发现了数以万计的砷铜合金（图6.1）遗物。

图6.1　公元前2000年伊朗地区砷铜头像

（美国辛辛那提艺术博物馆藏）

世界不同文明的起源具有多样性，冶金技术的发展也有很大差异，但在以西亚为中心，包括整个欧洲的广泛地区里，铜冶金却经历着同一条发展道路，即从自然铜到人工冶炼红铜，然后到铜的合金。铜合金中，首先出现的是砷铜，然后是锡青铜，最后是锌黄铜。可以说，砷铜是第一种被大规模使用的铜合金。

具有代表性的砷铜出土实例是在伊朗苏萨城（Susa）遗址发掘出土的铜器（图6.2），这些器物类型大多是小件装饰品，化学分析结果表明，在遗址的一期（公元前4100～公元前3900年）出土的19件铜器中有6件的砷含量超过1%。在稍晚的二期和三期（公元前3900～公元前3500年）遗址也出土了多件砷铜物品，并且砷含量也比一期的高很多，平均达到5%左右。

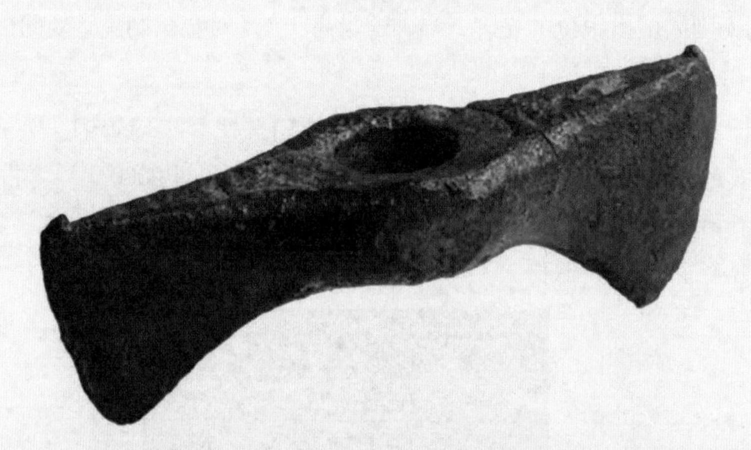

图6.2　公元前4000年伊朗苏萨城遗址一期出土的砷铜双刃斧

（法国卢浮宫藏）

另外，在以色列的提姆纳（Timna）古矿冶区内，也发现有公元前4000左右的含砷矿物冶炼遗迹，其附近著名的Nahal Mishmar窖藏出土了429件金属器物，经过X射线荧光分析，其中的30件有21件为砷铜器物，平均砷含量达到5.6%。

公元前4000年以后，砷铜得到更为广泛的使用，并逐渐取代了红铜而成为最重要的金属。有分析表明，早期青铜时代（公元前3000～公元前2200年）的砷铜使用非常普遍，超过了全部检测样品数量的三分之二，中期青铜时代（公元前2200～公元前1600年）的砷铜依然使用广泛，占有四分之一到二分之一的比例。尤其是美索不达米亚地区的砷铜，在这一时期仍然占到三分之二以上。

可以说，在青铜时代早期和中期，砷铜占有主要地位。到了青铜时代晚期，锡青铜才代替砷铜成为最重要的金属合金，砷铜的使用在西方文明的发祥地大约持续了两千年的时间。

对于早期砷铜的来源，究竟是人类有意识生产出来的，还是通过冶炼含砷矿物无意识地冶炼获得的，目前还有一些争议。有观点认为，早期的含砷冶金产物都是通过使用了含砷矿物冶炼出来的，所以这些早期铜器含砷量没有什么规律可循，并且这些铜器还常伴生有其他元素，如锑、镍、铅、铋等。只有在经过长期摸索后，当早期工匠们积累了相当多关于的砷铜认识，能够辨别深色或黑色的含砷铜矿与蓝色或绿色氧化铜矿的时候，才能有意识地加入含砷矿物进行铜合金冶炼。也有观点认为砷铜的出现是早期人类在开采完表面的次生氧化铜矿后，对深部的硫化矿开采并冶炼的结果。早期砷铜冶炼很大程度上与含砷的硫化铜矿的冶炼有关，根据矿床的成矿原理，金属铜矿的原生矿物都是硫化矿物，只有露在地表的硫化物经过风化氧化才变成了各种次生矿物，如氧化物、碳酸盐、碱式碳酸盐和硫酸盐等。这些五颜六色的氧化矿物是最早被发现并利用，且经过高温冶炼出金属铜的矿石。当地表的氧化铜矿枯竭时，就不得不开采更深的硫化矿进行冶炼，铜的硫化矿常伴有含砷的硫化矿物，所以也就产生了砷铜。

此外，锡矿在自然界中并不比砷矿丰富，但砷铜存在近两千年后，终究被锡青铜所取代。冶金史学家对此原因的推测有如下几点：一是锡青铜比砷铜更易于控制成分和制造；二是机械性能上，锡青铜有比砷铜更优越，强度和硬度更大；三是砷铜冶炼会产生As_2O_3等有害气体。

大多西方古文明都经过了从红铜到砷铜，再到锡青铜，这一冶金技术发展历程。中国何时使用了砷铜？其使用是否也早于锡青铜？中国的砷铜主要发现于西北地区的甘肃和新疆等地，中原地区仅有零星发现。其中，中国古代的砷铜主要发现于河西走廊的玉门火烧沟、酒泉干骨崖、民乐东灰山等四坝文化(公元前1900～公元前1600年)。四坝文化年代上限是公元前2000年，比西亚和中亚砷铜的使用要晚。关于四坝文化砷铜技术是否由西方传来以及中国古代砷铜与西方古代砷铜的联系还有待进一步探讨。不过已有一些初步的研究表明，中国西北地区发现有大量砷铜，说明这一地区曾经历了一个以砷铜为主的铜合金发展时期，这与中国其他地区的早期铜器发展有很大的不同。甘肃河西走廊与新疆哈密地区的早期砷铜技术也不排除外来技术传入的可能性，但具体传播通道尚不清楚，不过从该地区具有砷铜生产的矿产资源，可以推测这些砷铜应该是本地生产的，而且可能在公元前1400年左右，并影响到南西伯利亚的卡拉苏克文化，形成了独特的砷铜文化圈。

2. 炼丹与砷铜的炼制

寻求炼制黄金和白银的黄白术是中国古代炼丹术的重要组成部分。西汉初期，炼丹方士便开始用一些所谓的“点化药”与铜、铅、锡、汞等金属合炼，生成金黄和银白色的合金。雄黄(As_2S_2)、雌黄(As_2S_3)以及砒黄（含杂质的砒霜As_2O_3）就是这些点化药的主要成分。通常含砷低的砷铜呈黄色，当砷含量高于10%时就呈银白色，古人认为将砷加入铜和青铜溶液中就能得到炼丹方士们一直追求的人造金和银。

东晋炼丹家葛洪的《抱朴子内篇》是中国古代炼丹术史和化学史上的重要文献，其中的《黄白篇》主要论述伪金和伪银的炼制方法，是较早记载制造黄色砷铜的文献（图6.3）。其中记载有：

当先取武都雄黄，丹色如鸡冠而光明无夹石者，多少在意，不可令减五斤也……似赤土釜容一斗者，先以戎盐、石胆末荐釜中，令厚三分，乃内雄黄末，令厚五分，复加戎盐于上。如此，相似至尽。又加碎炭大如枣核者，令厚二寸。以蚓蝼土及戎盐为泥，泥釜外，以一釜覆之，皆泥令厚三寸，勿泄，阴干一月，令乃以马粪火煴之，三日三夜，寒，发出，鼓下其铜，铜流如冶铜铁也。乃令铸此铜以为筩，筩成，以盛丹砂水。又以马屎火煴之，三十日发炉，鼓之得其金。

从这段记载可知，当时冶炼砷黄铜的原料主要是雄黄（As_4S_4）和石胆（$CuSO_4 \cdot 5H_2O$），使用炭为还原剂，戎盐（NaCl）为助熔剂。原料在炉内加热时，石胆脱去结晶水，并分解成氧化亚铜。氧化亚铜和雄黄被还原成铜和砷，最终产生砷铜。

通过这种方法炼制的砷铜，由于含砷量不高，故呈黄色，故可称之为砷黄铜。炼丹“黄白术”还有另一种产物就是砷白铜，砷白铜的点化一直也是炼丹方士们的秘方。我国从炼制砷黄铜演进到炼制砷白铜大约在东晋时期，最早记载炼制砷白铜的著作是《神仙养生秘术》，其中记载有：

其四点白，硇砂四两、胆矾四两、雄黄四两、雌黄四两、硝石四两、枯矾四两、山泽四两、青盐四两，各自制度……右为细末如粉，作匮；用樟柳根、盐、酒、醋调和为一升。用坩埚一个，装云南铜四两。入炉，用风匣扇，又瓦盖。熔开，下硇砂二钱搅匀，次下前药二两，山泽一两，再扇，混葺一处，住火。青人（倾入）滑池内冷定，成至宝也。任意细软使用。

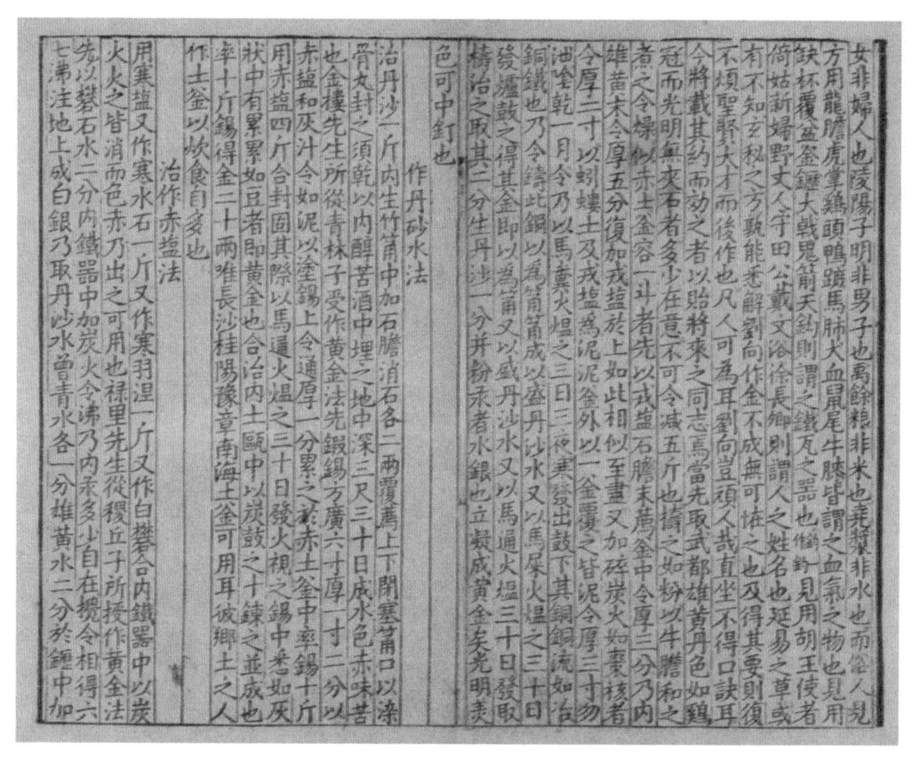
女非婦人也陵陽子明非男子也禹餘粮非米也堯漿非水也而俗人見
方用龍膽虎掌雞頭鴨蹠馬肺犬血鼠尾牛膝皆謂之血氣之物也見用
缺杯覆盆釜䥥大戟鬼箭天鉤則謂之鐵瓦之器也見用胡王使者
倚姑新婦野丈人守田公戴文浴徐長卿則謂人之姓名也延易之草或
有不知玄秘之方孰能悉解劉向作金不成無可怪之也及得其要則復
不煩聖賢大才而後作也凡人可為耳劉向豈頑人哉直坐不得口訣耳
今將載其約而効之者以貽將來之同志焉當先取武都雄黃丹色如雞
冠而光明無夾石者多少在意不可令減五斤也擣之如粉以牛膽和之
煮之令燥以赤土釜容一斗者先以戎鹽石膽末薦釜中令厚三分乃內
雄黃末令厚五分復加戎鹽於上如此相似至盡又加碎炭火如棗核者
令厚二寸以蚓螻土及戎鹽為泥泥釜外以一釜覆之皆泥令厚三寸勿
泄陰乾一月乃以馬糞火熅之三日三夜寒發出鼓下其銅銅流如冶
銅鐵也乃令鑄此銅以為筩筩成以盛丹砂水又以馬屎火熅之三十日
發爐鼓之得其金即以為筩又以盛丹沙水又以馬通火熅三十日發取
擣治之取其二分生丹沙一分并汞汞者水銀也立凝成黃金矣光明美
色可中釘也

作丹砂水法
治丹沙一斤內生竹筩中加石膽消石各二兩覆薦上下閉塞筩口以漆
骨丸封之須乾以內醇苦酒中埋之地中深三尺三十日成水色赤味苦
也金樓先生所從青林子受作黃金法先鍛錫方廣六寸厚一寸二分以
赤鹽和灰汁令如泥以塗錫上令通厚一分累之於赤土釜中率錫十斤
用赤鹽四斤合封固其際以馬通火熅之三十日發火視之錫中悉如灰
狀中有累累如豆者即黃金也合治內土甌中以炭鼓之十鍊之並成也
率十斤錫得金二十兩唯長沙桂陽豫章南海土釜可用耳彼鄉土之人
作土釜以炊食自多也

治作赤鹽法
用寒鹽又作寒水石一斤又作寒羽涅一斤又作白礬合內鐵器中以炭
火火之皆消而色赤乃出之可用也祿里先生從稷丘子所授作黃金法
先以礬石水二分內鐵器中加炭火令沸乃內汞多少自在攪令相得六
七沸注地上成白銀乃取丹沙水曾青水各一分雄黃水二分於鍾中加

图6.3　《抱朴子内篇·黄白篇》对“金”（砷铜）的炼制记载

（宋绍兴二十二年临安府荣六郎家刻本）

其中，提到的“至宝”就是指“白银”即砷白铜。冶炼中所用铜和砷的原料主要是胆矾、雄黄、雌黄、云南铜。使用硝石（KNO_3）作为氧化剂，使雄黄氧化，樟木根燃烧生成一氧化碳作为还原剂。硇砂、盐、酒、醋等在冶炼过程中或挥发、或分解，用于造渣。其中的山泽是一种含银矿石，被还原为银之后，成为砷白铜的组成成分。

到了唐代，用砷的氧化物代替砷的硫化物炼制砷铜的方法已经成熟。唐肃宗年间金陵子所撰《龙虎还丹诀》介绍了如何将砒黄、雌黄制成砒霜（As_2O_3），用于点化丹阳铜。北宋时期《春渚记闻》也记载了采用砒霜点化白铜的方法。另外，元代《格物粗谈》记有“赤铜入炉甘石炼为黄铜，其色如金；砒石炼为白铜；杂锡炼为响铜”，明代宋应星《天工开物》也记载有“以砒霜等药制炼为白铜”，这一“点化”之术也渐渐被常人所知晓。

二、黄铜合金技术

黄铜是铜和锌合金，一般含锌10%~40%，常被误认为是黄金，所以在唐代慧琳《一切经音义》中就有“鍮石似金而非金也”的记载，这里的鍮（tōu）石就是指黄铜。最早的鍮石通常指自然界中具有黄金色泽的石头，由于作为铜锌合金的黄铜具有黄金一般的色泽，金光闪烁，所以也被称为鍮石。大家可能觉得黄铜很陌生，事实上黄铜在人们日常生活中很常见，譬如水龙头就通常使用黄铜。在古代，明代以后的铜钱，很多也是用黄铜铸造的（图6.4）。

图6.4 “崇祯通宝”铜币

“黄铜”一词，最早出现在西汉东方朔所撰的《申异经·中荒经》中“西北有宫，黄铜为墙，题日地皇之官”。这里提到的“黄铜”指何种铜，目前尚不明确。不过元代以后，黄铜一词通常就专指铜锌合金。

1. 似金非金的“鍮石”

鍮石，简称“鍮”，为古矿物金属名，即黄铜矿，它是一种有光泽的黄色矿石。美国学者劳费尔（Berthold Laufer）认为“鍮”是波斯语tūtiya第一音节的译音。《隋书》记载鍮石与金、银、铜、铁、锡皆是波斯萨珊王朝所产的矿物。汉语中“鍮石”的“石”并非原字，“鍮石”的意义其实是名为“鍮”的矿石。

在三国至六朝时期，鍮石大概是指具有黄金光泽的矿石，如黄铜矿（$CuFeS_2$，图6.5）和黄铁矿（FeS_2，图6.6）等。如《太平御览》引用三国魏人钟会《刍荛论》记载：“莠生似禾，鍮石像金。”前秦方士王嘉《拾遗记》也记载：“后赵国君石虎曾筑浴室，并以鍮石为堤岸。”

图6.5　黄铜矿（$CuFeS_2$）

图6.6　黄铁矿（FeS_2）

另外，南朝梁至宋元时期鍮石也指铜锌合金黄铜，这在梁宗懔的《荆楚岁时记》和明末清初方以智的《物理小识》中都有提及。据《格古要论》记载："鍮石乃自然铜之精者，炉甘石所煮炼者为假鍮。崔昉云：铜一斤，炉甘石一斤，炼之成鍮石。其输出波斯。鍮石如金，火炼成红色，不变黑。"这里提到的炉甘石主要成分是碳酸锌，鍮石就是黄铜，而且作为黄铜的鍮石又包括真鍮和假鍮两种，程大昌《演繁露》也提到真鍮、假鍮皆是金属，真鍮是天然自生者，假鍮是赤铜入炉甘石炼成者。

汉唐以来鍮石经由丝绸之路从波斯、印度等地相继输入中国，用以制成工艺品，如唐朝用鍮石制官章饰，鍮石饰成了唐朝官员身份等级的标志之一，《旧唐书·舆服志》就记载有"八品、九品服用青，饰以鍮石"。玄奘《大唐西域记》中也曾三次提到鍮石，其中一次说它和金、银、铜、铁都出自北天竺境，另两次说它是用于铸造佛像的材料。在相当长的历史时期内，鍮石都是中外贸易的主要输入品。吐鲁番出土的文书就有不少关于鍮石交易的记载，鍮石同时也是隋唐时期西域各国进献中国的重要贡品之一。

除了装饰用途，鍮石也常为炼丹家所用，唐代所辑《黄帝九鼎神丹经诀》记有"杀鍮铜毒法"，五代宋初的日华子在《日华子点庚法》中则最早记载了鍮铜的炼制方法：

百炼赤铜一斤，太原炉甘石一斤，细研。水飞过石一两，搅匀，铁合内固济阴干。用木炭八斤，风炉内自辰时下火，煅二日夜足，冷取出，再入气炉内煅，急扇三时辰，取出打开，去泥，水洗其物，颗颗如鸡冠色。

宋元也有冶炼鍮铜的记载，如宋代崔昉《大丹药诀本草》记有"用铜一斤，炉甘石一斤，炼之即成鍮石一斤半"，元代托名苏轼所撰《格物粗谈》也有"赤铜入炉，炉甘石炼为黄铜，其色如金"的记载。

2. 黄铜的冶炼

黄铜很早就在中国出现，现有考古资料表明早在新石器时代后期，就产生了黄铜器物。如1973年，仰韶文化半坡类型的陕西临潼姜寨文化遗址中，发现了一块半圆形黄铜片和一块黄铜管状物，年代测定为公元前4700年左右，这是目前已知世界上最早的黄铜（图6.7）。经分析，这是一种采用铜锌矿石冶炼出来的黄铜，其冶炼方法比较原始，冶炼温度在950～1000 ℃左右，基本上就是直接通过矿石加木炭燃烧。但是，自夏、商、周三代到秦汉，都只有青铜的辉煌，黄铜冶炼的任何踪迹至今都没有发现。可以说，黄铜在中国经历了与青铜完全不同的发展道路。

图6.7　姜寨遗址出土的黄铜片和黄铜管

西汉以前，锌一般都是作为铜的伴生矿石进入铜的合金中的。考古发现西汉时期的铜钱中就有锌，然而锌的冶炼比较困难，以当时的技术条件是不可能获得的。所以这时的铜锌合金的获得具有偶然性。东汉以后的很长一段时间，随着佛教文化与中西贸易的发展，黄铜伴以鍮石之名从西域传入。五代以后，我国重新发明了黄铜的炼制方法，但发展相当滞后。

明代中叶以后，黄铜铸币的产生与发展，推动了中国黄铜冶炼技术的发展，并对炼锌技术的发展也起了不可忽视的促进作用。明嘉靖以后，黄铜逐渐被用于铸造货币，这极大地推动了黄铜冶炼技术的发展，至万历时期黄铜铸钱基本成熟，天启以后，以单质锌冶炼黄铜的工艺开始完备。

从公元10世纪（五代末至北宋）开始，我国古代才出现有据可凭的炼制黄铜的活动，但那时黄铜的炼制在很大程度上也只是炼丹术士从事的活动，而非一种冶金技术。

明代以前，黄铜冶炼是用炉甘石（即碳酸锌，图6.8）和铜作原料的，由于炉甘石的主要成分是碳酸锌，受热易挥发，含量也不稳定，这导致冶炼出来的黄铜质量极不稳定。到了明代中后期，开始用纯锌代替了炉甘石，冶炼方法有了改进。据《天工开物》卷十四《五金·铜》记载：

凡红铜升黄色为锤锻用者，用自风煤炭百斤，灼于炉内；以泥瓦罐载铜十斤，继入炉甘石六斤，坐于炉内，自然熔化。后人因炉甘石烟洪飞损，改用倭铅，每红铜六斤，入倭铅四斤，先后入罐熔化。冷定取出，即成黄铜，唯入打造。

其中，文中提到的倭铅就是指锌，因炉甘石高温下易分解成氧化锌和碳酸气体，其碳酸气体在逸散时会把氧化锌带走一些，产生所谓的“烟洪飞损”。而锌的沸点是907 ℃，相比之下，更为稳定，可以避免“烟洪飞损”情形的出现。所以明朝时，通过从炉甘石中冶炼出锌，用纯锌代替炉甘石冶炼黄铜，使得黄铜的生产提高到新的水平。可以说，黄铜冶炼技术的发展与明末炼锌技术的发展紧密相关。

图6.8 炉甘石

古代锌又叫“倭铅”“白铅”。“倭铅”最早见于署名“飞霞子”的《宝藏论》中。大致可以推测，五代十国时期，我国就已经开始尝试冶炼锌。由于氧化锌的还原温度和金属锌的沸点接近，而且冶炼温度应高于1000 ℃时，才能使冶炼顺利进行。低沸点的锌遇到火时，很容易变成气体挥发，所以还原出的锌不是液态，而是以蒸气状态飞散，不像铜铅等金属易于收集，而且锌的化学性质很活泼，锌蒸气遇到空气又容易再被氧化成氧化锌。因此，金属锌也是古代最难冶炼的金属，其冶炼技术要求非常高。

经过长期的摸索和实践，工匠们发现了锌蒸气的冷凝现象，开始用密封加热的方法来冶炼锌。中国关于炼锌工艺的最早记载是明代宋应星的《天工开物》，书内绘制了一幅炼锌示意图，并用文字记述了中国古代用泥罐蒸馏法炼锌的工艺过程（图6.9）。其方法是将十斤炉甘石装入泥罐，用泥封牢，晾干，用煤垫底，用木柴煅烧，罐中的炉甘石熔化成团，待到冷却时破罐取出，就能得到倭铅（即锌），产量大约每十斤损耗两斤。这些记载虽然不尽完整，遗漏了还原剂等，但其基本原理和设备同现代的炼锌法是相似的。锌的成功冶炼，使得黄铜的生产更加稳定，用铜锌配料生产的黄铜，可以说是我国对世界冶炼业发展的一大贡献。

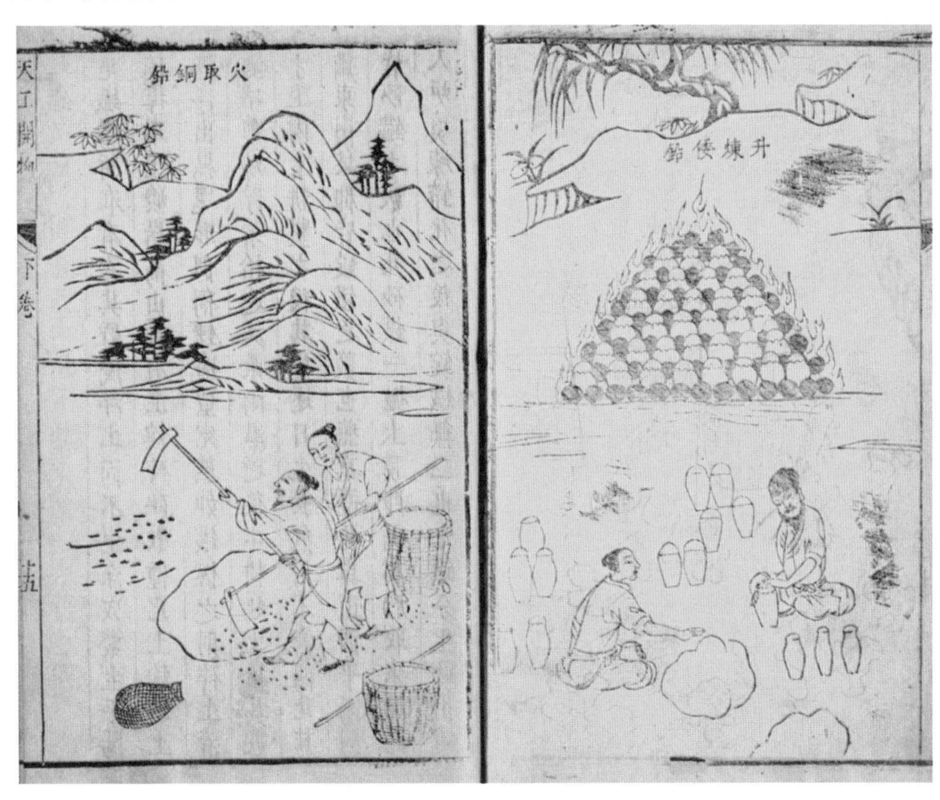

图6.9 《天工开物》中的“升炼倭铅”和“穴取铜铅”

（明崇祯十年涂绍煃刊本）

3. 黄铜着色技术

铜及铜合金表面着色技术实际上就是使金属铜与着色溶液作用，形成金属表面的氧化物层、硫化物层及其他化合物膜层。铜的着色主要应用在装饰品与美术品上，选择不同的着色配方和条件，可得出不同的着色效果。如硫基溶液就可被用于铜的着色，其原理都是基于硫与铜产生硫化铜的反应，不同的反应条件和配方可以形成黑、褐、棕、蓝、紫、深古铜等颜色。

古代最为常见的就是黄铜表面着色技术，其典型代表就是明代宣德炉的着色。明永乐、宣德年间，经济繁荣，社会安定，各种工艺蓬勃发展，各类艺术品层出不穷。宣德三年（1428年），暹罗国（如今泰国）向明王朝进贡了数万斤黄铜，宣德皇帝认为当时宫廷祭祀用铜器太过粗糙，于是命用“暹罗王刺迦满霭所贡良铜，厥号风磨”，参照《宣和博古图录》等书及内库所藏款式典雅的历代器物进行铸造，以供郊坛、太庙、内廷之用。为了提高质量，工匠们还在冶炼中加入金、银等贵金属，与黄铜一起铸炼。当时使用的铸造用料“风磨铜”（黄铜）用量达到31680斤。用于镶嵌、鎏金装饰的赤金和白银分别有640两和2080两。这些铸造的香炉，大部分陈设在宫廷，也有一小部分赏赐给皇亲国戚、功名显赫的近臣以及香火旺盛的庙宇。宣德炉因此也被当成礼器和政治权力的象征。

宣德炉款式多样，制作考究，有的仿商周青铜礼器，有的仿名窑陶瓷。其最大的妙处在于它的颜色，表面色泽奇特，“其色黯然，奇光在里。望之如一柔物，可援掐然。迫视如肤肉内色，蕴火热之，彩烂善变”。具史料记载，宣德炉有40多种色泽，如仿宋烧斑色，俗称铁锈花；仿古青绿色，与古铜器色同；还有朱砂斑、石青斑、枣红色、海棠色、石榴皮色、琥珀色、水银色、秋白梨色、藏经纸色、栗壳色等（图6.10）。

图6.10　明代栗壳色宣德炉

宣德炉所用材料以及着色剂等资料在明代吕震等人所撰《宣德鼎彝谱》中

有记载（图6.11）。有如天方国番硇砂点染桑葚斑色、金丝樊点染腊茶色、鸭嘴胆樊点染鹦羽绿脚地等十余种，这些大多为天然矿物，其主要成分不难判明。但其中的着色方法，如或用“番硇浸擦熏洗”，或用“赤金熏擦入铜内”等记载，如今已经很难了解其具体工艺。此外，明制宣德炉为稀世珍品，在明末已不多见，后世仿造品众多，所以探寻宣德炉着色的奥秘成为一大难题。

宣鑪博論
宣廟官鑄鼎彝及今所存真者十一贋者十九在當時原屬
珍貴與南金和璧同價而今之稱鑒賞家又多耳食者因未
見真龍徒寶燕石不論鑄式之雅俗銅質之美惡第見畧似
宣款下有大明宣德年製六字印子每以炭火迫赤火體火
足充若蝸涎者便以爲真大爲有識者所哂殊不知宣鑪之
真者其款式之大雅銅質之精粹如良金之百煉寶色內涵
珠光外現淡淡穆穆而玉毫金粟隱躍於膚理之間若以冰
消之晨夜光晶瑩映徹迥非他物可以比方也而今人不知
宣鑪鑄銅之來歷訛以傳訛至以爲宣廟時內藏火藏中金
銀銅玉等物鎔而爲一宣廟始命即以鑄鑪此說謬也夫金
銀銅玉剛柔之質不同其性也則各不相入豈能一鎔即合
譬如民間偶遺回祿或金銀銅錢同鎔者付分鑪可以各項
銷出何況內府之變乎況查宣廟實錄自登極以至升遐十
年之內並無內藏被災之事蓋緣當時之人未見此譜原委
乃設妄言以惑世耳昔聞一老中貴言宣廟當鑄冶之時門
工匠曰煉銅何法遂至精美工奏云凡銅經煉至六則現珠
光寶色有若良金矣宣廟遂敕工匠煉必十二每斤得其精
者纔四兩耳故其所鑄鼎彝特爲美妙云
宣鑪除本色之外有倣古青綠一種非若河南金陵姑蘇等
處燒斑土窨之僞造也聞之老鑄工云宣鑪倣古青綠色者
取內庫損缺不完三代之古器選其色之翠碧者椎之成末

图6.11 《宣德鼎彝谱》中关于着色的记载

三、镍白铜技术

镍白铜是铜和镍的二元合金，一般含镍18%～20%。在古代生产的镍白铜也有包含大量锌的铜镍锌三元合金。因镍白铜颜色呈银白色，为区别于红铜和青铜，常被称为白铜。

1. 镍白铜的发明与西传

镍白铜是我国古代的一项重要发明，古代提及白铜生产的记载，大都集中于云南一带。现存关于白铜产地最早的记载是东晋常璩所撰《华阳国志·南中志》，其中提到"堂螂县(今会泽、东川等地)，因山名也，出银、铅、白铜、杂药"。按此记载，最迟在4世纪，云南已经开始生产白铜。唐宋时期关于川、滇地区白铜的记载极少。到了明代，关于白铜的记载逐渐增多，但往往非常简略，如万历时期的《事物绀珠》记有"白铜出滇南，如银"，李时珍《本草纲目》也记有"赤铜以砒石炼为白铜"。

镍白铜的量产和广泛应用始于明代而盛于清代，据《会川卫志》记载"明白铜厂课银五两四钱八分"，说明最迟到明代四川会理已经有向官府纳税的白铜厂。到了清代，会理仍是镍白铜重要的生产基地，有立马河、九道沟、清水河和黎溪等白铜厂矿。其中黎溪厂规模最大，据《会理县志》记载："黎溪厂产白铜于乾隆十九年（1754年）……额设每双炉一座，抽小课白铜五斤。每煎获白铜一百一十斤，内抽大课十斤。每年额报双炉二百一十六座，各商共报煎获白铜六万三千二三百斤。"其所产白铜每年都大量销售到其他地区。

白铜色白而显银光，耐磨性和耐腐蚀性俱佳，因而常用以制作马具装饰品以及烛台和餐具等。唐宋时期，中国的白铜通过丝绸之路远销阿拉伯地区，当时的波斯人和阿拉伯人称之为"中国石"。16世纪后，又经阿拉伯国家传入欧洲，在16世纪欧洲文献中就有关于中国镍白铜的记载。欧洲人对白铜尤为推崇，十分偏爱这种既有纯银制品的光泽，又非常坚硬和精致金属制品，甚至还根据中文的音译，称它为"paktong"（白铜）。18世纪下半叶，中国的白铜大量输入欧洲，用白铜制作的餐具、烛台、炉栅等在欧洲上层社会家庭中被大量使用。1735年，德国人杜赫德（Jean-Baptiste Du Halde，1674~1743年）在其《中华帝国全志》（Description de la Chine）中提到"最特殊的铜要属白铜，它的色泽和银的并没有差别……这种铜只中国产有，只见于云南省。"由于当时的云南白铜在欧洲知名度很高，被称为"云白铜"，价格也非常昂贵，仅次于金、银，属于奢侈品。英国驻东印度公司的职员和水手经常走私云南白铜，用以制造壁炉围栅、烛台和餐具，装饰贵族的豪宅，来牟取暴利。

除了进口中国白铜，欧洲的工匠还不断尝试仿制白铜，但一直没有成功。1775年的英国《年纪》曾经提到，英国东印度公司驻广州的一名商人，为了能够仿制中国白铜，就曾将从云南得到的白铜样品寄回英国。直到1823年英国人汤姆逊（E. Thomason）和1824年德国人亨尼格尔（Henniger）兄弟先后成功冶炼白铜，并逐渐发展成为举世闻名的"德国银"（German Silver），加速了白铜在欧洲的广泛应用（图6.12）。清朝后期由于"德国银"大量输入中国，云南白铜受到很大的冲击，甚至濒临停产。

图6.12　18世纪“德国银”（镍白铜）餐盘

欧洲白铜的发展，离不开镍的发现。白铜虽然诞生于中国，但是镍元素却是欧洲人发现的。17世纪，德国人制造青色的玻璃，经常加入一种浅蓝色的矿物，这种矿很像铜矿石，但却炼不出铜来，所以矿工们称它为“kupfernickel”，意思是“骗人的矿石”，其实这种矿物其实就是镍砒矿（NiAs）。瑞典化学家克隆斯塔特（Axel Fredrik Cronstedt，1722～1765年）在对这种矿物进行了深入研究后，于1751年从中炼出一种新的金属元素，并将其命名为镍（Nickel）。

2. 镍白铜的冶炼

白铜的冶炼离不开镍矿，镍质地坚硬，熔点比铜还高，达到1455 ℃，冶炼镍的技术难度要远超冶铜，自然界的镍矿不易发现，且通常品位低，这些都加剧了镍的开采和冶炼的难度。此外，全球镍矿分布不均，主要集中于东南亚地区，古代长期开采镍矿的仅有云南一处，这也是为何只有云南的镍白铜远销海内外的原因。

现存早期的白铜实物有两件。一件是中国国家博物馆所藏“库银”，据上面铭文“大宋淳熙十四年造”，应造于1187年，其成分为铜镍锌三元合金，成分包括镍8.9%、锌29.9%、铜48.4%，还有少量铅和铁。第二件是出土于西安半坡遗址仰韶文化的白铜片，也是铜镍锌三元合金，成分包括镍16.0%、锌24.0%、铜60.0%。由于该白铜片发现于扰乱层，夏鼐先生曾推断其年代应不早于宋徽宗时期（1101～1125年）。这两件文物说明最晚在宋代，我国就已经生产有铜镍锌三元合金的镍白铜。

云南是清代重要的镍白铜产地，关于镍白铜的记载也相当多。不过，介绍镍白铜冶炼工艺的记载却非常少。清乾隆年间，江苏青浦人吴大勋曾任官云南，他目睹了白铜的冶炼“白铜另有一种矿砂，然必用红铜点成，故左近无红铜厂,不能开白铜厂也,闻川中多产白铜，然必携至滇中锻炼成铜，云滇中之水相宜”。其中提到的另一种矿砂应该就是镍矿。清代何东铭（1801～1860年）的《邛嶲野录》记载有：“白铜由赤铜升点而成，非生即白也。其法用赤铜融化，以白泥升点。”文中的“点”仍是使用炼丹术语，但从中可以看出，当时已经明确表明白铜是用一种含镍的“白泥”点化而成的。“白泥”可能就是镍的某种加工产物。

20世纪三四十年代，地质工作者曾对会理地区进行实地调查，并报告了有关白铜矿业史和冶炼技术，这是如今我们研究白铜传统工艺的少有资料。其中于锡猷《西康之矿产》不但介绍了与镍白铜相关的矿石，还介绍了镍白铜的冶炼过程。这些基本反映了清代镍白铜的冶炼情况。

据同治九年（1870年）《会理县志》记载：“煎获白铜需用青、黄二矿搭配，黄矿炉户自行采办外，青矿另有。”镍白铜的原料有青矿和黄矿，这里的提到的黄矿为铜矿，青矿则是镍矿。《西康之矿产》对青矿也做了详细解释：“会理镍矿发现后，即有人用铜矿与之混合冶炼，然不知其为镍，故呼之为白铜矿。人从其带有黑色，又呼之为青矿。”关于镍白铜的冶炼过程，其文中也有详细记载：

取炉厂大铜厂之细结晶黑铜矿与马河镍铁矿各一半混合，放入普通冶铜炉中冶炼。矿石最易熔化，冷后即黑块，性脆，击之即碎。再入普通煅铜炉中，用煅铜法反复煅九次，用已煅矿石七成，与小关河镍铁矿三成，重入冶炉中冶炼，即得青色金属块，称为青铜。性脆，不能制器。乃以此青铜三成，混精铜七成，重入冶炉，可炼得白铜三成，其余即为火耗及矿渣。

这段文字是根据两位清末白铜冶炼技师转述记录而成的，从中可知当时的镍白铜冶炼大概分成四步。首先，是配矿和初次冶炼，将镍铁矿与黑铜矿按1∶1装入炼铜炉，冶炼得到的黑块，这就是冰铜镍（Ni_3S_2、Cu_2S、FeS）和炉渣的混合物。其次，是煅烧，为了脱硫，需要将黑块在煅铜炉中反复煅烧九次。得到氧化铁（FeO）、氧化亚铜（Cu_2O）、氧化镍（NiO）、硫化亚铁（FeS）、硫化亚铜（Cu_2S）和硫化镍（Ni_3S_2）等的混合物。然后是配矿和再次冶炼，将之前“已煅矿石”与小关河镍铁矿按7∶3的比例混合，装进炼铜炉，再一次进行冶炼，得到“青铜”。这一过程中，氧化物（Cu_2O·NiO）与硫化物（Cu_2S·Ni_3S_2·FeS）发生反应，使铜和镍被还原形成所谓的“青铜”，氧化亚铁（FeO）与二氧化硅（SiO_2）则生成炉渣。最后是配纯铜和三次冶炼。经过前三个步骤，冶炼所得的“青铜”含杂质较多，且含镍量较高，必须再次进行精炼和调配，所以将纯铜按比例配好后入炉再冶炼。待其中的铁等杂质被氧化和造渣后，铜和镍可无限固融，形成镍白铜。可见，我国传统白铜冶炼工艺，需经过青矿和黄矿原料首次冶炼并反复煅烧后，进行再次冶炼，然后配纯铜进行第三次冶炼才能产出品质较高的铜镍合金产品。

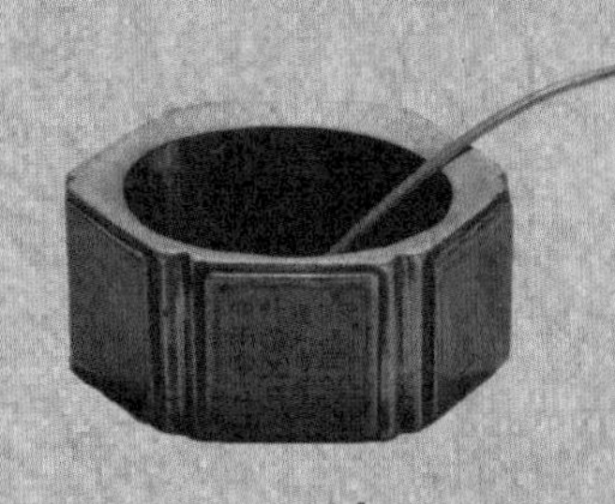

第七章 铜料来源之谜

随着现代科技的发展，考古学不再仅仅是依靠传统的田野调查，新的分析技术如碳十四、热释光、钾氩法等被用于测定古物年代，X射线荧光分析、原子吸收光谱、中子活化分析等手段被用于研究器物结构，这些新方法的产生使得科技考古在考古学中发挥着越来越重要的作用。利用铅同位素比值分析古代文物产地，是20世纪60年代在国际上兴起的科技考古方法，这项技术的运用正在帮助我们逐步解开中国商周时期铜料来源之谜。

一、铜矿源的元素示踪

著名学者夏鼐先生曾指出："今天，我们不仅研究青铜器本身的来源，即它的出土地点，还要研究它的原料来源，包括对古矿的发掘和研究，这是中国古代青铜器研究的一个新领域，也是中国考古学新开辟的一个领域。"然而，由于时代湮灭已久，商周文献资料非常缺乏，借助历史文献研究商周青铜器的矿料来源非常困难，而同位素考古技术为这一领域的突破提供了新的途径。

1. 铅同位素

在考古学中有很多方法可以用于断代，如青铜器在器类、器形、纹饰、铭文和铸造技术等方面都具有时代特征，这些都可以作为断代依据。然而，在青铜之间的关联及其产地的判断上可就没这么容易了。生物学上，人们常用DNA来鉴定生物的种属和血缘关系，青铜又该如何"认祖归宗"呢？直到铅同位素考古技术开始运用，人们才逐渐实现了对青铜文物的"基因鉴定"。

所谓的同位素，就是有些元素的原子中含有相同数目的质子和不同数目的中子，因而原子序数相同，但质量数却不相同，即在元素周期表中占据同一位置，化学性质基本相同，这些元素就是同位素。

铅有四种稳定同位素（图7.1），分别为^{204}Pb、^{206}Pb、^{207}Pb和^{208}Pb，其中^{204}Pb的总量是不随时间变化的，^{206}Pb、^{207}Pb和^{208}Pb分别是^{238}U、^{235}U和^{232}Th三种放射性同位素的衰变产物，被称为放射成因铅。铅矿石形成时，铅和铀、钍发生分离，放射性成因铅的积累就此停止。由于矿床的成矿年龄不同，所以每个矿床所积累的放射性成因的铅同位素组成也就不同。也就是说，如同生物体内的"基因"一样，不同的矿床具有不同比例的放射性成因铅。因此，可以通过矿床的铅同位素组来计算矿床的成矿年代，也可以用来识别不同的矿山。当我们知道了矿石的铅同位素组成，就有可能找到相应的矿山，这就是铅同位素可以用来进行矿源追踪的基本原理。

^{204}Pb	^{206}Pb	^{207}Pb	^{208}Pb	^{210}Pb
203.97302	205.97444	206.97588	207.97663	$t_{1/2}$=22.6yrs
1.40%	24.10%	22.10%	52.40%	
稳定型	放射型	放射型	放射型	宇宙射线型

图7.1　铅的同位素

1966年美国康宁玻璃博物馆的罗伯特·布里尔（Robert H. Brill）博士首先利用铅同位素的比值特征来寻找文物材料的产地，开创了铅同位素示踪方法在考古学和自然科学史研究中的应用。布里尔的研究发现中国古代玻璃中的铅与希腊的古代铅矿，英国、意大利、土耳其的铅矿，西班牙、威尔斯、撒丁岛的铅以及埃及的古代玻璃和釉上的铅完全不同，表明中国古代玻璃最有可能产自本地。

铜矿中常含有微量的铅，在铜的冶炼过程中，也会人为加入一定量的铅，通过研究铜制品中四种铅同位素的比值变化，使得区别不同铜的产地成为可能。铅同位素组成成为文物特有的“信息”，为探究古代铜矿开发、铜制品的生产和贸易交流提供了重要参考依据。自20世纪80年代开始，英国、德国、日本、美国和中国学者纷纷利用铅同位素方法探索青铜器矿料来源，并在世界范围内取得了巨大的成功。如英国牛津大学的Gale夫妇首次引入铅同位素技术研究了地中海地区青铜时代含铅甚少的青铜器，发现这些铜器的铅同位素比值揭示了铜矿的特征。通过对比青铜制品和铜矿山的铅同位素数据，他们还提出了古代地中海铜矿料的贸易路线，这一研究成果随后发表在国际顶级期刊*Science*上。几乎在同时期，德国学者发表了他们对安纳托利亚（Anatolia，如今土耳其地区）古代铜器的分析结果，提出锡青铜合金技术与铜、锡矿料同时被引入安纳托利亚。

利用铅同位素比值研究历史文物，有着诸多优点。首先，它需要的样品量很少，取样时对文物损伤较小，通常只需在文物边缘或内壁刮取几毫克的粉末就可以满足实验的需求。其次，检测样品不受风化或腐蚀的影响，古代青铜器多出土于地下，且年代久远，基本上都受到过不同程度的氧化腐蚀。但青铜的锈蚀不会影响铅同位素比值的结果，使得实验检测非常可靠。此外，青铜器不同部位的样品铅的形态可能均不相同，但铅的同位素比值同样也不受此影响。因此，这一技术手段可以比较精确地利用铅同位素比值的分布图，来分析器物之间的相互关系及来源的异同甚至可以帮助推测其矿料的来源。

当然，铅同位素比值法也有一定的局限性。虽然大多数矿床中的铅同位素特征有所不同，但也有部分矿床即使地域相隔很远，却有着相近甚至相同的同位素组成，这有时候就会对矿石来源的分析带来干扰。另外，如果采用来自不同矿床的铅矿石混合熔炼，或者将不同来源的含铅青铜器混合重熔，都会对铅同位素比值产生影响，检测后的结果就会介于原来的几种矿料或器物铅同位素的比值之间。如果存在这两种情况，都会对判断矿物来源的准确性产生影响。所以，这就要求在铅同位素科学技术手段之外，还要综合考虑其他各方面的因素。

2. 铜矿也有“基因”

张光直教授曾认为青铜器在夏商周三代政治斗争中占有中心地位，青铜器不但是宫廷中的奢侈品和点缀品，而且也是政治权力斗争的必要工具。没有青铜器就无法征讨天下，而没有铜锡矿就没有青铜器。然而，我国青铜文化核心的中原地区是铜、锡资源非常匮乏的地区。另据文献记载，三代皆有过迁都之举，尤其是商代，前后共迁都达13次之多。张光直将三代都城的迁徙与不断寻找新的铜和锡产地关联起来，认为其目的是为了接近新的矿源，以便采矿，长期以来这种观点被广泛接受。但作为破解铜矿“基因”重要手段的铅同位素比值法，却给这个问题带来了不同的答案，为解决商周铜料的产地和分布提供了新的线索。

中国科学技术大学的金正耀就通过测定殷墟出土晚商青铜器中的高放射成因铅，提出了商代青铜器矿料来源的“西南说”。金正耀检测了殷墟妇好墓出土的12件青铜样品，其中有6件的铅同位素比值（$^{207}Pb/^{206}Pb$）在0.844～0.869之间，与铜绿山所出古代炼渣、铜锭和矿石相近，说明它们的铜料来源很可能来源于这里的矿山。然而，另外4件样品的铅同位素比值（$^{207}Pb/^{206}Pb$）在0.753～0.783之间，与滇东永善金沙厂的矿料相吻合，这也就意味着妇好墓青铜器的铜料来源可能来自不同的地区，既有铜绿山的铜料，也有来自遥远云南地区的铜料。图7.2所示的是铜绿山古铜矿开采和冶炼场景。

彭子成等人通过检测江西瑞昌铜岭、湖北大冶铜绿山、安徽铜陵和南陵、江西新干大洋洲、河南安阳和郑州等地商周青铜器、炼渣和古矿出土矿石的铅同位素比值，发现瑞昌铜岭和樟树吴城文化遗址的3个样品处于正常区，$^{207}Pb/^{206}Pb$和$^{208}Pb/^{206}Pb$的值分别为0.831～0.888和2.052～2.16，说明吴城文化遗址的这些青铜器的矿料来源有可能来自瑞昌铜岭。而新干大洋洲和樟树吴城遗址的另外4个样品处于异常区，$^{207}Pb/^{206}Pb$和$^{208}Pb/^{206}Pb$的值分别为0.729～0.778和1.925～2.003，其矿源出自何处，还有待进一步分析。数据还显示铜绿山的炼渣、矿石和铜锭的铅同位素比值与部分安阳殷墟青铜器相重叠，说明殷墟青铜器铸造所用金属原料部分来自古荆州和古扬州。而皖南古铜矿遗址的矿料铅同位素比值和河南部分重叠，也表明皖南地区可能也向中原地区输送了铜料。

图7.2　铜绿山古铜矿开采和冶炼场景

（源自《中华遗产》）

另外，铅同位素比值还为云南铜鼓铜料的来源提供了诸多线索。铜鼓是我国西南及东南亚各民族的传统礼乐器（图7.3），在历史上被广泛应用于祭祀、集会、战争、娱乐等活动，有时还用以储币、陪葬等，其地位相当于中原商周时期的铜鼎。现代学者把铜鼓分为万家坝型、石寨山型、冷水冲型、北流型、灵山型、麻江型和西盟型七种类型，不同类型的结构、纹饰、分布和年代等都有所区别。铅同位素检测表明云南早期万家坝铜鼓的矿料主要来源于滇西，而石寨山型铜鼓的矿料来源于滇池地区。广西北流型铜鼓的铅同位素比值分布完全被邻近地区的铜矿和铅矿所覆盖，说明了铜的矿料可能来源于这些邻近地区。

图7.3　古代少数民族铜鼓铸成仪式

3. 微量元素示踪与矿料来源

由于铅同位素比值技术仍然有一定的局限性，一些科技考古学家开始尝试新的手段，即使用微量元素和铅同位素两种技术相结合，互相取长补短，从而更好地进行矿料探源的研究。

1923年，挪威地球化学家戈尔德施密特（Goldachmidt V. M.）根据不同元素在陨石相以及冶金产物中的富集情况，将所有元素分为亲铜元素、亲铁元素、亲气元素和亲石元素四大类。铜的冶炼过程中以及冶铜的最终产物中，亲铜元素主要富集在金属铜中，亲铁元素主要富集于渣中，而亲石元素被用来作为助熔剂和造渣。微量元素示踪铜源就是通过分析在整个矿冶过程中与铜的相对含量不发生变化或者即使发生变化但仍有规律可循的微量元素，来判断铜矿的来源。这些微量元素主要为亲铜元素，包括Zn、Ag、Cd、Hg、Pb、As、Sb、Bi、S、Se、Te等。不过这些元素当中，Zn、Cd等是极易挥发的元素，Hg常温下为液态，它们在青铜冶炼过程中，大部分都会随着冶炼烟尘挥发，所以作用不大。

研究者们通过不断摸索，总结出了可以用于铜器探源的一定的微量元素分布模式。例如，可以根据Ag、As、Fe、Bi、Pb、Sb这6种元素将铜器和矿石的类型联系起来，对这些元素的含量进行统计分析，可以用于判断铜器中的铜最初是由自然铜矿、氧化型铜矿或者还原型铜矿冶炼出来的。20世纪60年代，欧洲学者又利用As、Sb、Ag、Ni和Bi等5种元素，将欧洲新石器时代晚期和青铜时代的两万多件铜器分成了40多组，进行分类研究。

当然，任何研究手段都有其弊端。微量元素矿源示踪分析时，合金元素锡、铅等引入的微量元素所带来的影响不能被忽略，这会带来一些干扰。所以，目前的微量元素示踪古代青铜器矿料产地的研究仍然处在探索阶段，还有大量数据积累工作有待完成。因此，通过微量元素分析和铅同位素分析相互结合进行研究，将是古青铜器矿料来源示踪分析的有效途径。

二、铜料的产地

考古发掘表明，商周的青铜铸造基本上都由王室或大贵族控制，在都城附近往往集中了众多铸铜作坊。如商代安阳殷墟发现的铸铜遗址，面积达到10000平方米以上，周代晋国都城侯马也发现有大型铸铜作坊。然而在这些青铜铸造中心的周边地区，铜资源却并不丰富，那么商周时期的采铜和冶铜的基地又在何处呢？长久以来，这一直是个谜。

1. 盘龙城与铜料输运

盘龙城遗址位于武汉市之北约5千米的黄陂区滠口镇，其北面是一片土岗，南面紧临汇入长江的府河，东北面和南面为盘龙湖环绕。该遗址于1954年发现，经过1963年、1974～1976年、1979～2001年多次考古发掘，发现了古城垣、大型宫殿基址、贵族墓葬和手工作坊等重要遗迹，通过出土遗物已被确认为一座商代城市遗址。盘龙城城址近方形，南北长290米、东西宽260米，周长1100米，城址方向北偏东约20度。这个城址土垣高耸地面，墙体宽厚，内坡缓斜，外坡陡峭，形态壮观（图7.4）。

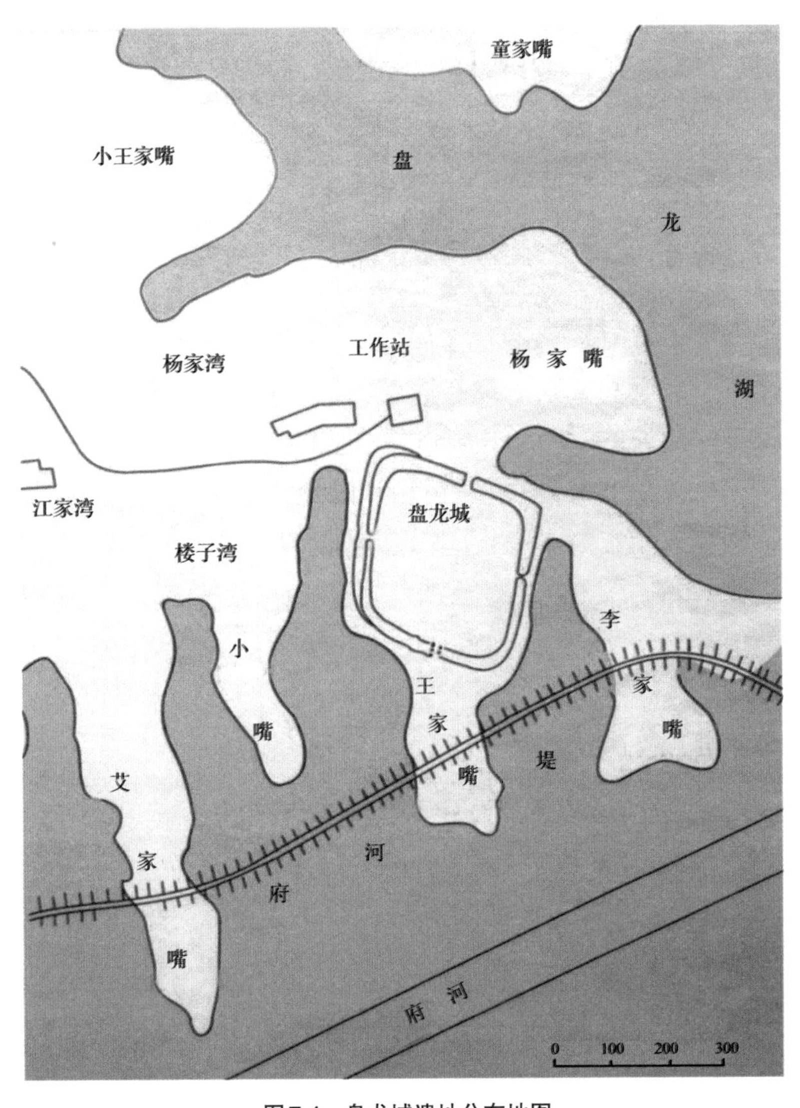

图7.4　盘龙城遗址分布地图

（源自《盘龙城：长江中游的青铜文明》）

盘龙城出土有商代青铜器，主要出自墓葬和祭祀坑，包括有青铜工具和青铜容器等（图7.5）。青铜工具有农具和手工业用具，器类有斨（带方孔的斧子）、斧、锛、凿、锯等。大量青铜工具的出土，说明当时青铜已广泛应用于农业和手工业的生产。盘龙城还出土了一批与中原相同的青铜容器，有炊食器鼎和鬲，酒器斝、爵、觚、尊等，其形制与郑州二里冈遗址出土的青铜器如出一辙，说明这里的青铜文化源自中原（图7.6）。化学成分分析表明，盘龙城青铜合金成分有含纯铜成分高和含铅的成分较高两种，含纯铜高者表色呈灰绿色，与郑州二里冈青铜器成分略同，含纯铅高者在二里冈则较为少见。

图7.5　盘龙城出土铜尊

铸造方法上有浑铸，如三足器从口、颈、腹到足底三条铸缝线，皆汇于器底中心或一侧，表明采用陶范合铸。也有先分铸再合铸，如卣的提梁，簋的双耳，都是先铸附耳，然后合铸。盘龙城出的土青铜器，大小不一，花纹各异，每件皆不相同，应当为一范一器。

盘龙城在商王朝的地位及其重要，考古证据表明这里是商朝南征的军事重镇，也是一座与铜料输运息息相关的军事要塞。由于位处长江北岸，扼守着江南铜产区和通往商都的要道，并且地势较高，倚山临水，城垣高耸，非常有利于长期驻守。另外，盘龙城的中小型墓中几乎都有武器随葬，以楼子湾、李家嘴等地为多。出土武器种类之多，数量大之，为中原地区的墓葬所不及。武器种类有：戈、矛、刀、钺、镞等，形制及铸造技术也均与中原地区相同，这也说明这里曾经是商王朝在南方的军事据点。

图7.6　盘龙城青铜斝底部分范铸造印记

（源自《盘龙城：长江中游的青铜文明》）

古文献中有不少关于商王朝和周王朝对南方地区铜资源进行掠夺的记载，殷墟卜辞中有“乙未[卜]，贞立事于南，右[比我]，中比舆，左比曾”。曾和舆都是汉东的方国，商朝不断对这里用兵，或者联合某些方国征伐其他部族和方国，是为了保证南方通往北方铜料运输道路的畅通。商王朝南征的史实在《孟子》《吕氏春秋》等文献中屡有记载，《竹书纪年》就记有：“商师征有洛，克之，遂征荆降。”

盘龙城遗址年代大致在商前期，盘龙城文化的三、四期约为夏、商之际的成汤南征之时。从盘龙城规模、布局和出土遗存分析，盘龙城为商王朝设立在长江北岸的重要据点，通过盘龙城可以迅速征伐南方地区。随着商周王朝对江南铜资源连续不断的掠夺，军事据点又逐步转为带有方国性的城邑。也就是说，盘龙城是为了获取铜矿资源（图7.7），并防范原住民反抗而建立的军事据点，然后又由纯军事据点发展为手工业制造中心以及商王朝在南方的区域政治中心。

图7.7　盘龙城出土冶炼青铜的坩埚

2. 商周青铜采冶基地

殷墟妇好墓出土468件青铜器，总重达1925千克，即使剔除了锡的成分，仅这一个墓的青铜器也至少需要8吨多铜矿石来冶炼。东周曾侯乙墓出土的青铜器有4800余件，总重量甚至达到十余吨，数量如此巨大的铜原料源自哪里呢？

地质勘探表明，中国黄河流域的陕西、山东、河南等地铜矿甚少，矿藏量不丰富，铜矿资源缺乏。中国的铜矿主要分布在长江中下游的湖北、湖南、江西、安徽及西南的云南等地。长江中下游的铜矿蕴藏尤其丰富，仅在赣东北的丘陵山地就环绕着6座大型铜矿。

商周时期青铜器所含铅的同位素比值告诉我们，中原地区相当一部分青铜原料源自长江流域的铜绿山、铜岭以及铜陵和南陵等古矿。与盘龙城隔江相对的铜绿山无疑是中国商周时期最重要的铜料来源地之一（图7.8）。

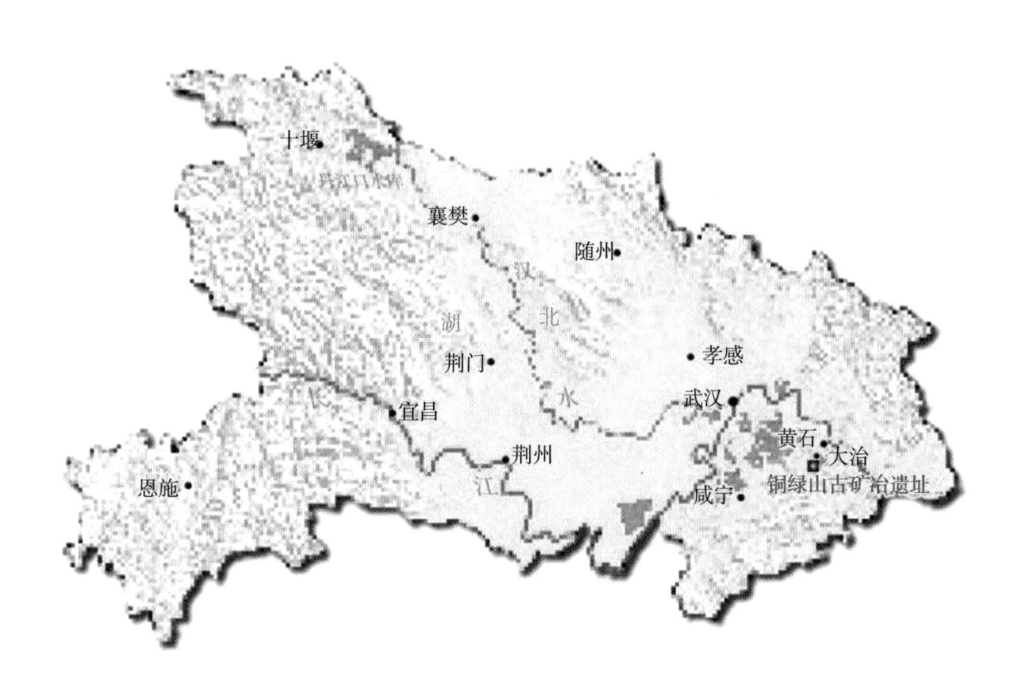

图7.8　铜绿山地理位置图

铜绿山遗址的考古发掘工作从1974年正式开始，前后持续了11年。随着考古工作的进展，许多采矿井巷被发现，为我们揭示了当时矿冶的盛况，呈现出了在世界范围内都十分珍贵的早期矿冶活动图景。铜绿山遗址先后共发现7处露天采场、18个地下采区、50余处古冶炼场、10余座炼铜竖炉。目前在世界各地发现的早期矿冶遗址不下百余处，却没有一处能与铜绿山遗址的规模和保存状况相比。经过两三千年，那些用木柱构成的支护方框仍然稳稳地立在原处，来过铜绿山遗址的人，无不为眼前的这些规模宏大、纵横交错的采矿井巷所深深震撼（图7.9）。

除了长江流域铜绿山等地的铜料，铅同位素比值分析还表明殷墟出土的青铜器的矿料可能部分来自于云南滇东北永善金沙厂的矿山，说明早在3000年前云南和中原地区可能就已经有了交通和贸易。虽然滇东北与中原相距遥远，以至于很多学者仍旧怀疑从云南运输青铜原料到中原地区的可能性。但与滇东北相距较近的四川广汉三星堆遗址却也发现有很多与殷墟来源相同的青铜器矿料，所以尽管中原地区、长江中下游地区与巴蜀地区相距千里，但其使用的矿料却属同一来源，这也说明了铜料在各地远距离输运的可能性。

图7.9　铜绿山春秋时期七号矿遗址

此外，商代较为集中地开采铜矿料，说明当时人们知道的铜矿产地并不多，同一矿山往往具有相当大的开采规模。东周以后，中原地区的矿产被大量开采，史籍对此多有记载，因此不再需要使用远方的铜矿料。铅同位素比值分析也证实，东周以后，中原及附近地区青铜已没有了异常铅矿质，原料的来源已经发生了根本的改变。

3. 清代“滇铜京运”

由于史料的缺失，早期滇铜运输到中原地区的很多细节目前已不得而知。但在清代，曾经持续了134年的“滇铜京运”，却为我们呈现出一段辉煌悲壮而又惊心动魄的南铜北运史。

清朝统治者将明朝灭亡的原因之一归结为其各种货币混用，导致了国家金融的混乱。为了吸取教训，清廷取消了纸币，只准使用银币和铜币，铸钱使得对铜的需求大幅增加。然而，他们又担心大规模开采铜矿会聚集众多劳动力，形成反清复明势力，给政权的稳定带来隐患，故清廷并不敢轻易在各地开采铜矿。为了铸造铜币，清朝前期一方面通过收集前朝旧铜币和回炉人民间收集的旧铜器，另一方面从日本大量进口铜，每年达到几百万斤。随着可回收旧铜的枯竭以及日本德川幕府开始实行“锁国政策”，铜料越来越稀缺。到了康熙年间，铜币铸造活动逐渐低迷，以至于陷入无钱可铸的尴尬境地。

正当清廷为铜源一筹莫展的时候，康熙二十一年（1682年）云贵总督蔡毓荣向康熙皇帝上了《筹滇理财疏》，提出四条建议，其中两条就是“广鼓铸”和“开矿藏”，请求增炉鼓铸。他认为以滇铜之饶，既可以解决云南驻军兵饷不足的问题，政府还可增加税收，解决铜料难题。后经云贵总督尹继善再次上疏建议，并经九卿议定，除了江浙两省因地理便利，仍从海外购铜外，所有解京铜额一概改为滇铜。随着滇铜的大量开采，滇铜逐渐占到了全国铜需求总量的80%以上，成为了支撑大清王朝的经济命脉，南铜北运也成为清雍正、乾隆直到光绪和宣统朝的要政之一。

为了鼓励采冶云南的铜矿，清廷也提供了优厚的政策，全国各地的人纷至沓来。矿主、铜匠、矿工和商人等拖家带口进入云南会泽地区，这个之前不足万人的偏远小镇，一下子成了拥有十几万人的冶铜中心。阮元（1764～1849年）在《云南通志稿》中提到，当时东川府一带的山区，到处都是大大小小的铜矿，一些大的铜厂有矿工数万人，云南东川府会泽地区也因此步入了采铜、冶铜的鼎盛时期。

云南产出的大量铜料要想运往京城，单靠陆路的人背马驮难以满足需求，开辟水路运输成为迫在眉睫的问题。雍正和乾隆年间，京师及各省钱局铸币所用滇铜总量都在三四百万公斤以上。为舒缓铜运艰难，乾隆五年（1740年）冬，开始了开浚金沙江下游航道的工程。工程自东川府小江口，迄至四川宜宾新开滩，全长650多千米。1745年航线下段开通，1748年航线上段开通，共计历时8年，耗费国库十余万两白银，千古闭塞的金沙江终于看到了舟楫。南铜北运以会泽和东川矿区为起点，经四川泸州顺长江过湖北、湖南，到杭州和天津，最终运至北京。

图7.10所示为中国第一历史档案馆藏《金沙江上下两游图》总图，绘制范围西至武定府，东至永宁县，北至金沙江北岸四川界，南至滇黔交界，详细标

注了金沙江的走向以及上下游滩形和数目，水涂浅蓝色，用黄底方框黑字标出云南省城及府、县名称14个。《金沙江上下两游图》为乾隆六年（1741年）署理云南总督张允随为治理金沙江而绘制，后进呈乾隆皇帝阅览。其中，金沙江滩形图部分从云南东川府汤丹厂陆路绘起，将金沙江上游的52滩、下游的82滩全部绘入。一些险滩还做了重点标记，如“蜈蚣岭滩离碎琼滩三里，系最险滩，大石密布，水从石缝飞泻，山脚斜入江心，水势高陡”，反映了当时水路运输滇铜的惊险。

图7.10　绘有东川府的《金沙江上下两游图》总图

（中国第一历史档案馆藏）

据清代学者严中平《云南铜政考》统计，南铜北运，陆路2200余里，水路8200余里，累计万里之上，沿途需经过8个省，往返一次需要近两年时间。由于路途遥远，所运精铜货物价值很高，清廷要求每次经水路运铜至京，都要派云南地方知县一级的官员随行负责押运。这些官员的仕途和命运都与这浩大的滇铜京运紧密相连，不少人因运铜途中遇险，导致损失而被处罚。如1752年，运铜船只在汉口失火，35艘船只全部沉入江中，押运官走投无路，当场自刎以谢罪。安徽望江（安庆）人檀萃，为乾隆二十六年（1761年）进士，先任贵州清溪县知县，后补云南禄劝县知县。乾隆四十七年（1782年），他奉命运解滇铜赴京，途中翻船，生铜六万余斤沉入江里，虽然事后打捞出五万斤，但仍亏缺铜一万余斤，为巡抚谭尚忠所参劾，从而被革职查办。檀萃的仕途从此终结，但在学术上却似乎因祸得福，他此后遍历滇中，在各地讲学立说，并著有《滇海虞衡志》，记载了云南清中期以前的各地的山林川泽、物品出产、民俗生活，被称为是一部了解云南的"百科全书"似的古籍。

第八章 铜与古代科技

铜与中国古代的一些科学技术也息息相关，不少科学器具或技术的实现都需要以铜作为载体。如作为国之重器的天文仪器、灿烂辉煌的印刷术、千古留韵的青铜编钟都离不开铜。可以说，中国古代科技文明在很多方面都依赖于铜的使用。

一、铜与天文

中国古代天文主要包括天象观测、时间计量和历法创制等活动，即所谓的“观象授时”。古人开展这些活动都离不开天文仪器，如圭表、漏刻和浑仪等，而这些仪器的铸造也都离不开铜的使用。由于中国古代天文仪器不仅是科学仪器，也被视为贵重的礼器，历代帝王通常对天文观测工作都十分重视，所以一台好的天文仪器须同时满足观测准确、结实耐用、外形美观等条件，这就对其材质和工艺都提出了较高的要求。

1. 传统天文仪器

圭表是最古老，也是最简单的一种天文仪器。在古代主要用来测量日影长度以定方向、节气和时刻，它包括两个部分：“圭”和“表”。“圭”原指古代的一种玉质礼器，这里则是水平横卧的尺，用以测定影子长度；“表”是会意字，本义指外衣，又通“标”，这里指直立的标杆。表放在圭的南端，并与圭相垂直。利用圭表可以方便地测出日影长度，通过日积月累地观测，就可以推算出不同节气的时间以及回归年的长度等。所以《宋史·律历志》记载有：“观天地阴阳之体，以正位辨方，定时考闰，莫近乎圭表。”

圭表的制造一般采用木制或铜铸。在西汉首次出现铜表，据记载：“长安灵台，上有相风铜乌，千里风至，此乌乃动。又有铜表，高八尺，长一丈三尺，广尺二寸，题云太初四年造。”其中提到的两件仪器，一是相风铜乌；一是铜表。前者系东汉张衡所造，后者为太初四年（公元前101年）制造。当时圭表的表高为八尺，此后这也成为圭表的标准高度。圭尺的长度为一丈三尺，为冬至时刻正午表影的长度。1967年，江苏仪征曾经出土一件东汉时期的铜制圭表，其实际尺寸只是标准圭表的十分之一，而且这件圭表还可以折叠，外形像一把铜尺（图8.1）。汉代之后，国家的天文机构基本上都使用铜来制造圭表，如今南京紫金山天文台还保存有明代正统年间制造的八尺铜圭表。

除了圭表，古代常用的铜制仪器还有漏刻，漏刻又称“漏壶”“滴漏”“刻漏”等。刻漏以铜为壶，底穿一孔，壶中竖一支有刻度的箭形浮标，用于计时。常见的漏刻有两种：一种是在壶中插入一标杆，称为漏箭。漏箭有一只舟承托，浮在水面上。当水流出壶时，漏箭下沉，通过读取漏箭上的刻度来指示时刻，这种漏刻称为“泄水型漏刻”或“沉箭漏刻”。另一种漏刻为水流入壶中，通过上升的漏箭来指示时刻，称为“受水型漏刻”或“浮箭漏刻”。

图8.1　江苏仪征出土东汉铜圭表

（南京博物院藏）

早期的漏刻只有一个壶，此前在原河北满城、陕西兴平和内蒙古伊克昭盟（今鄂尔多斯市）杭锦旗等处均发现过西汉初期的单级漏刻，这种单级漏刻近年来在海昏侯墓中也有发现。其中，满城漏刻于1968年出土于河北省满城西汉中山靖王刘胜之墓中。刘胜是西汉景帝之子，卒于元鼎四年（公元前113年），此漏刻作为陪葬品，被认为制造于公元前113年之前，现藏于中国社会科学院考古研究所。兴平漏刻于1958年在陕西省兴平县砖瓦厂挖土制瓦时被发现，同时还发现有铜带钩、五铢钱和陶器等物，现藏于陕西省茂陵博物馆。

千章漏刻于1976年在内蒙古伊克昭盟杭锦旗沙丘发现，现藏于内蒙古自治区博物馆。该漏刻的壶内底铸有阳文“千章”二字，壶身正面阴刻“千章铜漏”4字，为西汉成帝河平二年（公元前27年）四月在千章县铸造，后来又在第二层梁上加刻“中阳铜漏铭”（中阳和千章在西汉皆属西河郡）。千章漏刻通高47.9厘米，壶身作圆筒形，壶内深24.2厘米，径18.7厘米。近壶底处有一下斜约23°的圆形流管。壶身下为三蹄足，高8.8厘米，壶盖上有双层梁，通高14.3厘米，边框宽2.3厘米。第一层梁、第二层梁及壶盖的中央有上下对应的三个长方孔，用于放置漏箭。该壶身总重6250克，壶盖约2000克，全壶总重8250克（图8.2）。

由于单级漏刻水流不稳定，到了西汉末，又发展出两级漏刻，具有两个壶，采用上层壶流出的水来补充下层壶的水，以此提高水流的稳定度。晋代则出现了三级漏壶，唐代又发展出含有四只壶的漏刻，漏刻的形制自此也趋于稳定。目前中国国家博物馆就保存有元代延祐铜壶漏刻，该漏刻是元代延祐三年(1316年）铸造，为四级漏刻，四只漏壶自高至低依次被称为“日壶”“夜壶”“平水壶”和“受水壶”，各壶都有盖，也均为铜铸（图8.3)。日壶贮水后，由上而下，依次沿龙头滴下，最后滴入受水壶中。受水壶铜盖中央插了铜尺一把，长66.5厘米，上面刻有十二时辰刻度。铜尺前又插放一个木制浮箭，下有浮舟，受水壶水面上升后，根据浮箭指向的刻度可读出时间。

古代传统的大型铜制天文仪器，现存仅有南京紫金山天文台的明代浑仪、简仪和圭表。这些仪器一般由支承部分和观测部分组成，两部分因用途不同，对铸造技术的要求和材料的选用也是不同的。

图8.2　西汉千章漏刻

（内蒙古自治区博物馆藏）

图8.3　元代延祐铜壶漏刻

（中国国家博物馆藏）

其中，明代浑仪于正统二年铸造。仪器总高3220毫米，基座（即水趺，用于调节仪器水平）为2458毫米×2452毫米，仪器总重约10吨（图8.4)。浑仪支承部分由鳌云柱、龙柱、基座以及四座云山组成，一共三十多个构件。鳌云柱和龙柱以铁骨为芯，外部纹饰采用失蜡法制成，所用材质为铅锡青铜。浑仪核心的观测部分由六合仪、三辰仪和四游仪三层圆环结构组成。外层的六合仪和三辰仪的测量环可能是采用泥范法铸造的，因为制作圆环木模时，要考虑金属铜凝固时的体收缩和线收缩，木模的尺寸需要留有一定余量，测量环的材质选用铅锌黄铜。浑仪的不同部件采用铁、铅锡青铜和铅锌黄铜，说明当时充分考虑了不同部件的在铸造和加工性能上的需求。

图8.4　明代正统年间铜制浑仪

（南京紫金山天文台藏）

明代简仪自正统二年开始仿制木样，至正统七年（1442年）铸成。仪器总高2202毫米，基座长4396毫米、宽2971毫米，总重约14吨。简仪以长方形铜铸框架为基座，框架的四角和中梁部有四条龙柱和四条云柱作为支承部分。这些龙柱和云柱采用镂空纹饰，造型虽然复杂，但对精确度要求不高，同样也是以铁骨为芯，使用铅锡青铜用失蜡法铸造而成。其他用于赤道和地平测量的观测部分，因体积较大，铸造难度较高，虽然泥范法或失蜡法均可实现，但考虑蜡模容易变形造成误差等因素，可能是采用了泥范法。另外，因观测圆环直径较大，测量环部件使用的可能也是铅锡青铜，这与浑仪测量环使用铅锌黄铜铸造是不同的。

2. 西式天文仪器

明朝末年，随着传教士将西方天文学知识传入中国，当时在天文仪器的使用上也逐渐尝试制造西式仪器。据《治历缘起》记载，崇祯年间徐光启（1562～1633年）曾请求“造平浑悬仪三架，用铜，圆径八寸，厚四分”以及“造交食仪一具，用铜、木料，方二尺以上”。由于铜制天文仪器造价高昂，如当时“欲先造急用大仪一座，业已制就木模，但须用铜千余斤，工价百余两”。但因对关外后金政权和关内农民起义军的战事吃紧，财力十分有限。所以徐光启还建议“其旧法须用铜者，为费不赀，今兼以铜铁、木料成造，小者全用铜铁，总计所费，数亦不多”。但考虑木料止堪暂用，待事完还须使用精铜铸造。另据记载，崇祯皇帝当时还下令李天经（1579～1659年）造一铜制小牙日晷，由传教士汤若望（Johann Adam Schall von Bell，1591～1669年）等人“鸠工范铜，分线镂刻，镀以金液，载以檀架”，最终造完日晷两具进呈。

当时传教士介绍到中国的天文仪器主要是第谷式仪器，第谷·布拉赫（Tycho Brahe，1546～1601年）是著名的丹麦天文学家。凭借着无与伦比的观测禀赋以及身为贵族，具有雄厚的财力后盾，第谷借助改进的天文仪器，把观测天文学提高到望远镜发明之前的最高水平。1576年，丹麦国王腓特烈二世（Frederick Ⅱ，1534～1588年）将位于丹麦海峡的汶岛赐予第谷，并拨款供他在岛上建造天文台，第谷先后在此建立了天堡和星堡两座天文台（图8.5），并于此地开展天文观测20多年。

第谷的很多仪器都使用黄铜部件，这在其著作《机械学重建的天文学》（*Astronomiæ Instauratæ Mechanica*）中有详细的记载。其中，中型地平经度象限仪（即地平经纬仪），半径为64厘米，就使用黄铜板制成。天文纪限仪，半径为67厘米，也是采用了可轻易拆解的黄铜铸件和板件。这些活动式天文仪器，使用灵活，精度也较高（图8.6）。

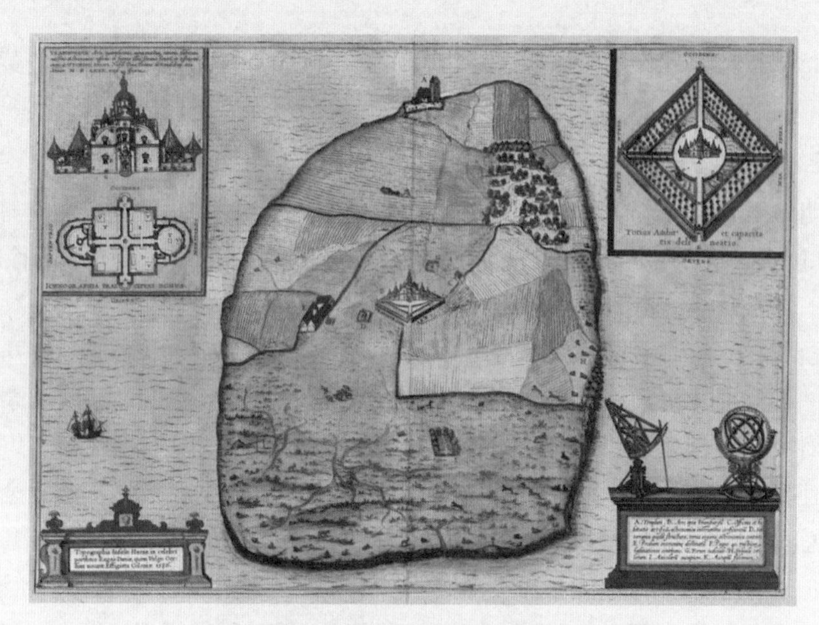

图8.5 汶岛地图及岛上的“天堡”天文台

（源自*Civitates orbis terrarum*，德国法兰克福历史博物馆藏）

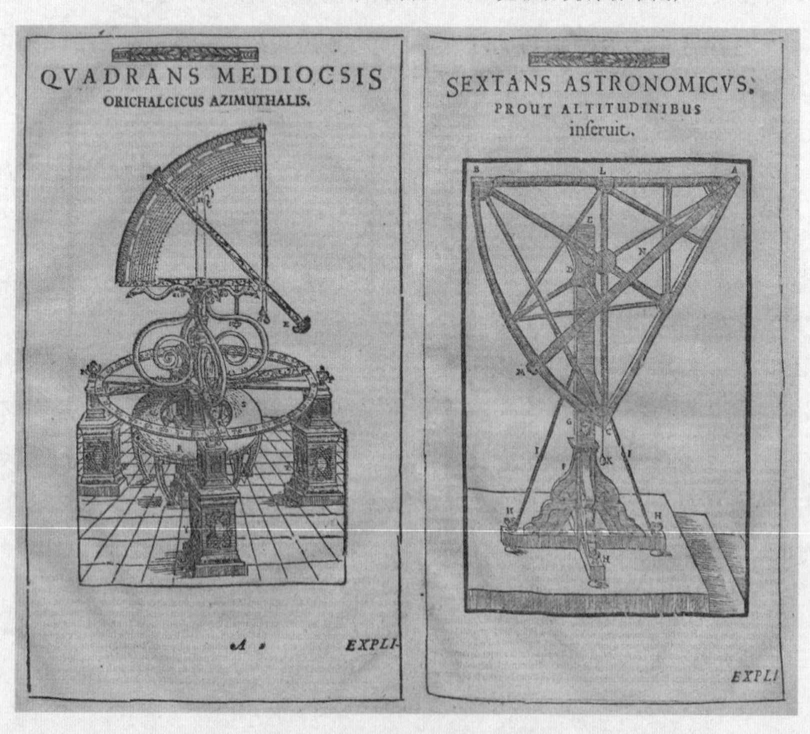

图8.6 第谷象限仪和纪限仪

（源自*Astronomiæ Instauratæ Mechanica*，瑞士苏黎世理工学院图书馆藏）

第谷主要使用的另一件仪器是墙象限仪，于1587年采用黄铜浇铸而成（图8.7）。这种仪器半径约2米，安装于墙壁，属于固定式天文仪器，可用于对子午线的中天观测，墙象限仪的刻度弧上滑动着两个缝隙式照准器，墙的高处开有孔洞，洞内固定着一根直径与照准板宽度相同的镀金圆柱。通过横截线刻度，可得到10角秒以内的读数。

图8.7　第谷的墙象限仪

（源自*Astronomiæ Instauratæ Mechanica*，英国大英图书馆藏）

到了清代，中国的天文仪器又再次引入了西方样式和工艺加以革新。当时除了采用第谷的仪器，还借鉴了波兰天文学家约翰内斯·赫维留（Johannes Hevelius，1611～1687年）的一些最新仪器技术。赫维留的老师彼得·克鲁格（Peter Crüger，1580～1639年）曾试图制造过半径1.5米的大象限仪，但直到其去世时也没有完成。直到1644年，赫维留继续加工这件仪器，才最终将其完成(图8.8)。这件精美的仪器采用黄铜制造，不但观测便捷，而且装饰华丽，上面有着许多黄铜小雕像。这些雕像除了美观之外，还有助于仪器的重量分配，可使仪器操作时保持稳定。

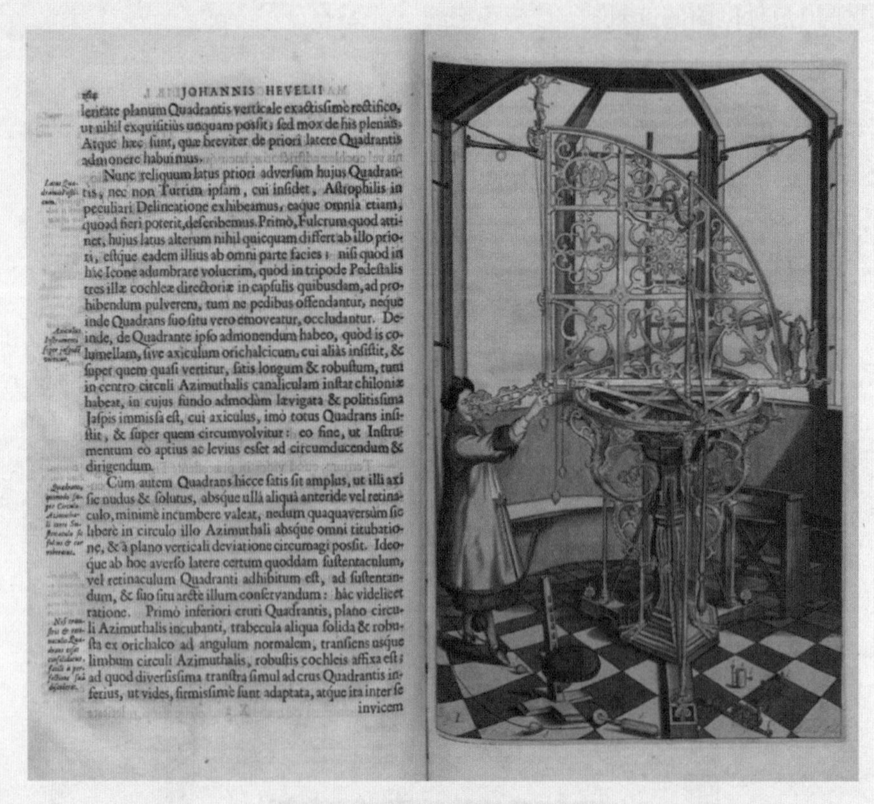

164 JOHANNIS HEVELII

leritate planum Quadrantis verticale exactiſſimè rectifico, ut nihil exquiſitiùs unquam poſſit; ſed mox de his pleniùs. Atque hæc ſunt, quæ breviter de priori latere Quadrantis admonere habuimus.

Nunc reliquum latus priori adverſum hujus Quadrantis, nec non Turrim ipſam, cui inſidet, Aſtrophilis in peculiari Delineatione exhibeamus, eaque omnia etiam, quoad fieri poterit, deſcribemus. Primò, Fulcrum quod attinet, hujus latus alterum nihil quicquam differt ab illo priori, eſtque eadem illius ab omni parte facies; niſi quod in hic Icone adumbrare voluerim, quòd in tripode Pedeſtalis tres illæ cochleæ directoriæ in capſulis quibusdam, ad prohibendum pulverem, tum ne pedibus offendantur, neque inde Quadrans ſuo ſitu vero emoveatur, occludantur. Deinde, de Quadrante ipſo admonendum habeo, quòd is columellam, ſive axiculum orichalcicum, cui aliàs inſiſtit, & ſuper quem quaſi vertitur, ſatis longum & robuſtum, tum in centro circuli Azimuthalis canaliculam inſtar chiloniæ habeat, in cujus fundo admodùm lævigata & politiſſima Jaſpis immiſſa eſt, cui axiculus, imò totus Quadrans inſiſtit, & ſuper quem circumvolvitur: eo fine, ut Inſtrumentum eo aptius ac levius eſſet ad circumducendum & dirigendum.

Cùm autem Quadrans hicce ſatis ſit amplus, ut illi axi ſic nudus & ſolutus, absque ullâ aliquâ anteride vel retinaculo, minimè incumbere valeat, nedum quaquaversùm ſic liberè in circulo illo Azimuthali absque omni titubatione, & à plano verticali deviatione circumagi poſſit. Ideoque ab hoc averſo latere certum quoddam ſuſtentaculum, vel retinaculum Quadranti adhibitum eſt, ad ſuſtentandum, & ſuo ſitu arctè illum conſervandum: hàc videlicet ratione. Primò inferiori cruri Quadrantis, plano circuli Azimuthalis incubanti, trabecula aliqua ſolida & robuſta ex orichalco ad angulum normalem, tranſiens usque limbum circuli Azimuthalis, robuſtis cochleis affixa eſt; ad quod diverſiſſima tranſtra ſimul ad crus Quadrantis inferius, ut vides, firmiſſimè ſunt adaptata, atque ita inter ſe invicem

图8.8　赫维留及其黄铜大象限仪

(源自*Machinæ Coelestis Pars Prior*,波兰科学院格但斯克图书馆藏)

在赫维留完成大象限仪后，他又制造完成半径分别为1.8米和2.4米的木质纪限仪，后来他又改用黄铜为材料制作了类似仪器。象限仪和纪限仪分别用于测量星体相对于地平线的高度和测量两个星体之间的角距离，这些仪器为他的天文观测工作带来了极大的便利。赫维留非常崇拜第谷，并建有自己的天文台，其天文台和第谷的星堡使用同样的名称。在这里，赫维留不但安置了各种天文仪器，还建造了工房、印刷所、图书馆等设施，在当时的欧洲非常先进，以至于波兰王后玛丽·露易丝 (Marie Louise Gonzaga，1611～1667年)和英国天文学家哈雷（Edmond Halley，1656～1742年）等人也都先后慕名前来参观。可以说，在巴黎天文台和格林尼治天文台建立之前，这是欧洲最好的天文台之一。

1673年，赫维留出版了著名的《天文仪器·卷上》（*Machinae Coelestis Pars Prior*），对其所使用的天文仪器进行了详细介绍。赫维留的天文仪器，本质上是仿照了第谷的样式，不过在具体设计和制造工艺上都有了明显的进步。木质材料基本都被金属替代。考虑到金属膨胀的差异，所以铁和黄铜不被同时用于构造大的平面。并且仪器很好地保持了平衡和配重，设计了完备的调整装置，有的还具有很好的测微功能，读数也很精确。赫维留主张较多地使用铜来铸造天文仪器，以达到更好的观测效果，这些理念后来在中国也得到了充分发挥。

康熙年间，清廷任用比利时传教士南怀仁（Ferdinand Verbiest，1623～1689年），主管天文历法之事（图8.9）。他设计和监造了六件大型西式天文仪器，包括赤道经纬仪、黄道经纬仪、地平经仪、地平纬仪（即象限仪）、纪限仪和天体仪（图8.10）。

图8.9　比利时传教士南怀仁像

康熙五十四年（1715年）德国传教士纪理安（Bernard-Kilian Stumpf，1655~1720年）设计制造了地平经纬仪。乾隆九年（1744年），乾隆皇帝又下令按照中国传统的浑仪再造一架新的仪器，命名为玑衡抚辰仪。以上这8件清代大型铜制天文仪器目前仍保存在北京古观象台之上（图8.11）。

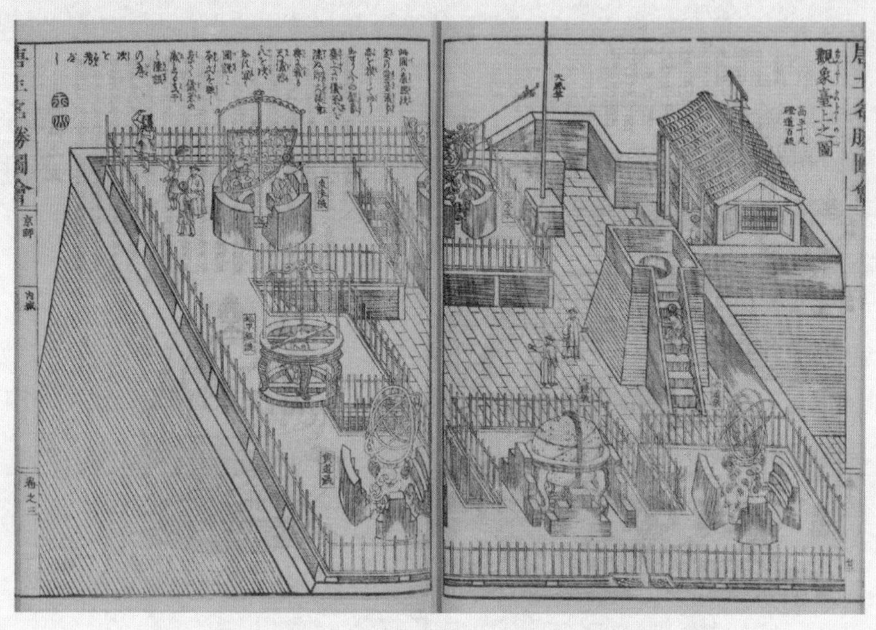

图8.10　《唐土名胜图会》中的清代观象台

（日本早稻田大学图书馆藏）

图8.11　北京古观象台上的西洋天文仪器

天文仪器的材料和铸造工艺有着严格的要求，必须精确、不变形且不易腐蚀。关于天文仪器的制造与安装要求，清代《仪象考成》记载有："铜质宜精、型制宜工、链磨宜平、取心宜正、轻重宜审、界度宜均、两径合度、合结均齐、三重同心、安置方正。"

其中，铜质宜精要求"凡铸黄铜器具，应用红铜六成，倭铅四成"，这里的倭铅就是锌，也就是说其材料实际为黄铜。黄铜铸造的器物不但色泽美丽，而且耐用。《天工开物·五金篇》也记载黄铜由于其铜锌配比而有"高下"之分，即"高者名三火黄铜、四火熟铜，则铜七而铅（为倭铅，即锌）三也"。而36组取样实验检测数据也表明，这8件大型天文仪器铜合金中铜的平均值为67.8%、锌为27.6%、铅为2.5%，这一成分比例属于高级黄铜。在操作中，为了避免熔炼时锌的烧损，实际多加了入约10%的锌，这与《仪象考成》记载的铜六而锌四是一致的。文献中黄铜成分为铜和锌，并未提到铅，而大部分仪器的分析结果都含有少量的铅，这并非有意加入，或许是混杂而入，即在制造时加入了6220斤废旧的含铅青铜所致的。

型制宜工要求"凡铸仪器，以土为型，必先治地极平，外规较定制微大，内规较定制微小"，圆环形部件采用泥型，车刮板模造型，造型时地面要求十分平坦。由于铸环的径向有收缩量和精加工余量，所以外轮廓要稍大于设计尺寸，内规要略小于规定的尺寸。

仪器各部件需要用金属制成，金属零部件的制造，第一道工序通常是铸造或锻造坯件。许多欧洲天文仪器的零件是锻制出来的，南怀仁的著作《灵台仪象志》中就描绘有一架人力机械，其锻锤夹子上夹着小工件。不过，虽然传教士是这些清代天文仪器的主要设计者，但在制造时必须与中国工匠合作，所以很多零部件可能是由更熟悉精金属铸造工艺的中国工匠通过铸造而成形。

《灵台仪象志》中记载有："凡铜铸仪，其座架并方圆各形之柱、表、梁等，先无不用蜡而作大小各式样，因可推其应作铜铁元柱、表、梁等各轻重之斤两矣。"不仅说明当时使用了失蜡法，而且还通过精确的计算得知用蜡的多少。在1627年出版的《远西奇器图说录最》中已经介绍有西方比重的概念，借助于比重知识，可以由蜡推算出相同体积金属的重量，南怀仁给出的铜与蜡的比重为1∶9，这与《天工开物》"凡油蜡一斤虚位，填铜十斤"的说法也基本一致。

南怀仁使用的失蜡法，即熔模铸造，与明朝正统年间制造浑仪和简仪的工艺类似，特别是仪器的龙形支架等复杂结构应是采用失蜡法铸成的。工匠们为制造仪器还专门从户部取用了黄蜡、松香，这些正是制作蜡模的原料。对于其他更多的部件则使用了范铸法。在1670年的一封信中南怀仁曾提到，他首先为每架仪器制作了原尺寸的木头模型，随后把模型送往工部进行加工铸造。

图8.12即表现了天文仪器铜环的范铸过程，使用12段弧形槽和15块盖板拼接成最终的环形铸范，用来铸造青铜环。铸范采用的应该是泥范，在浇铸前将铸范固定，用沙土将拼接的铸范埋起来。图中铸范上方绘制的可能是铸成的铜环。在铸件设计、铸接、榫铆连接方式等方面，工匠们可能还参考了中国传统工艺，这与中国工匠对各种铸造方法比较熟悉有关。所以南怀仁在其著作中对此没有过多的记载，而是将重点放在铸造之后的切削、找平衡、求形心、校正以及组装等工艺上。

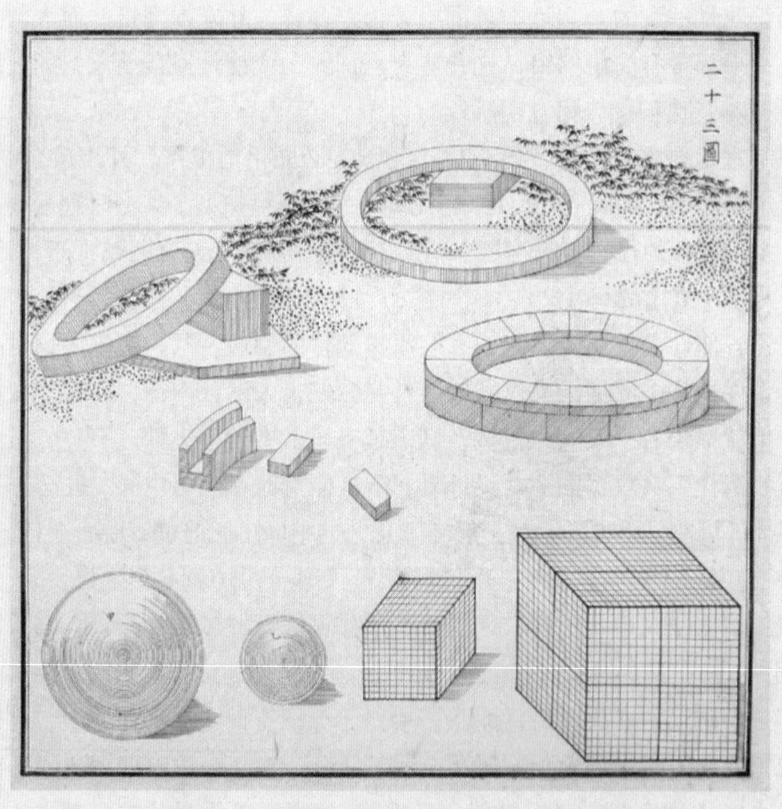

图8.12　《灵台仪象志》天文仪器铜环的范铸

（日本早稻田大学图书馆藏）

二、铜与印刷

1. 铜活字

铜除了用于铸造各类器物外，在印刷方面也有不少应用，如用于铜活字以及铜版画。虽然我国古代主要使用雕版印刷，但活字印刷也相当普遍。活字的种类有很多，包括泥活字、木活字、铜活字、铅活字和锡活字等。宋代毕昇就已经开始使用泥活字，沈括的《梦溪笔谈》中就详细记载了泥活字的制作。最迟在西夏时期，木活字印刷就已出现，到了明代木活字印刷开始盛行，清代时活字印刷已经蔚然成风。

铜活字是以铜铸成的用于排版印刷的反文单字，其原理与泥活字、木活字技术基本一致，只是质地不同（图8.13）。相比价格低廉的木活字，铜金属有质地坚硬，不易磨损的特点，制成活字版，可以印刷上千次而不坏，远比木活字耐磨受用，而且在印刷效果上也有一些优势。铜金属在活字印刷上的运用，不仅扩大了活字可用材料的范围，而且为大规模印刷奠定了基础。

图8.13　铜活字

我国最早使用的金属造活字是宋末元初出现的锡活字。到了明代，又有了铜活字和铅活字。关于铜活字的起源，也有认为起源于宋代的铜版纸币的印刷。潘吉星先生就曾指出：钞币上的“料号”“字号”在印版上留有凹空，“待临印刷时再将相应的字以活字填植在凹空处，才能形成完整的版面。由于印版为铜版，所填塞的活字自然是铜铸造活字”。

目前已知最早使用铜活字来印书的是明代江苏无锡的华燧（1439～1513年），其会通馆于明弘治、正德年间采用铜活字印刷了近20种图书。他不仅最早制作并使用铜活字印书，也是明代使用铜活字印书最多的。明清两代，除木活字外，印书用得最多的就是铜活字。可考证的明代铜活字印本就有60余种，传至今天的大约有30种。这些铜活字本印刷质量都比较高，尤其珍贵。

清代铜活字印刷的雕刻水平和流行程度都超过了明朝。康熙年间，除了民间，内务府印书也开始使用铜字。据记载“康熙中，内府铸精铜活字百数十万，排印书籍”，康熙末年曾用内务府铜字排印《星历考原》和《律吕正义》等几部天文、数学行和乐律书籍。雍正六年（1728年），还使用大、小两号铜字印刷了陈梦雷（1650～1741年）编辑的大型类书《古今图书集成》，对此《清宫史续编》卷九十四记载有：“我朝康熙年间御纂《古今图书集成》，爰创铜字板式，事半功倍，允堪模范千秋。”

2. 铜版画

铜版印刷是凹版印刷术的一种，可以用于印制纸币和铜版画。由于铜版雕刻费时，工艺复杂，加之对刻工的艺术造诣也有很高要求，成本极高，所以大多用于制作精美的铜版画和地图等。

铜版印刷大约在15世纪初由西方发明，铜版画最迟在17世纪末由来华传教士带入中国。至于铜版印刷术的传入，则要稍晚，大约在1713年。意大利传教士马国贤（Matteo Ripa，1692～1745年）是第一位在清代宫廷演示铜版画的人，并且他还介绍了如何学习这项技术。清廷雕刻铜版，与康熙皇帝有关，当时在华传教士刚开展了大规模的大地测量，用于绘制《皇舆全览图》。康熙询问马国贤还会哪些其他技能，马国贤回答还懂光学，并略知用硝酸在铜版上镌刻图画的技术。虽然马国贤之前未曾真正试过铜版术，但在康熙的要求下，他还是尝试镌刻了一幅风景画。

铜版画的原理大致是用金属刻刀雕刻或酸性液体腐蚀等手段把所需图样刻成铜板版面，再将油墨或颜料擦压在凹陷部分，用擦布或纸把凸面部分的油墨擦干净，然后用水浸过的画纸覆于铜版上压印。

由于当时中国缺乏制作铜版所需的腐蚀性强酸，为此马国贤花费了不少心思，他使用强白酒醋、氨盐、铜绿和碱性碳酸铜等材料。据他介绍，当时氨盐可以大量获得，但铜绿或碱性碳酸铜比欧洲使用的质量要差，导致腐蚀性不够，刻线很浅，且墨质也不佳，因此效果不是很好。不过，康熙似乎对此还是比较满意的，并先后要求用铜版印刷了《热河三十六景图》和《皇舆全览图》。

雍正年间，铜版还被用于刊印星图，在此之前中国古代的星图皆为木刻、石刻或者为抄本。1721年，意大利画家和雕刻家利白明（F. B. Moggi，1684～1761年）来到中国，负责制作戴进贤立法《黄道总星图》的铜版，并于雍正元年（1723年）印行，1741年又再次印刷（图8.14）。该图主要参考了南怀仁的《灵台仪象志》，并做了补充。图形镌刻细致准确，采用西洋风格，以黄极为中心绘制了黄道南北两幅恒星图，印刷上色后，极为精美。

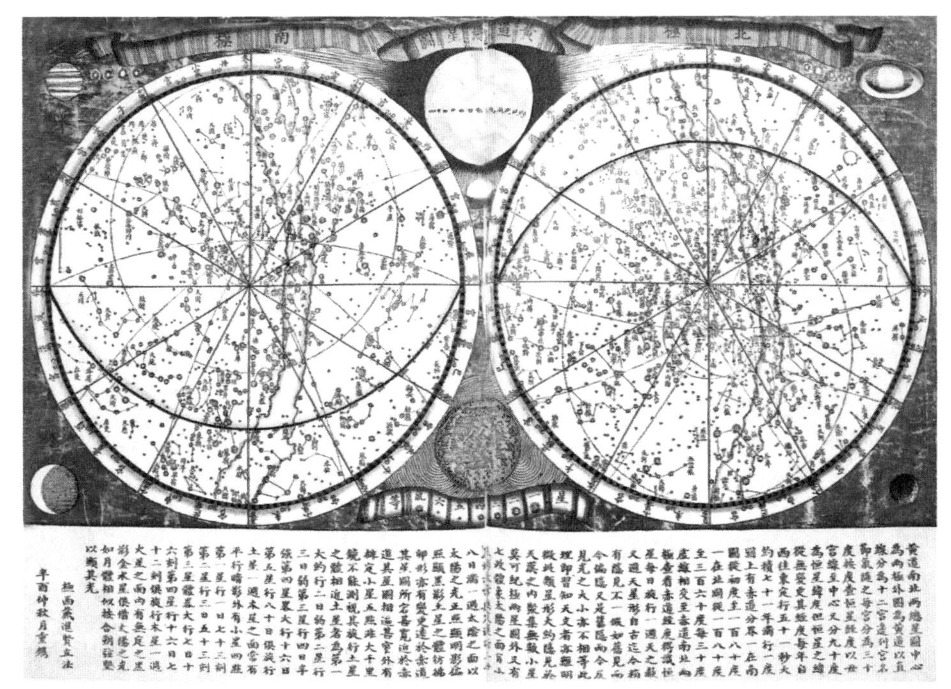

图8.14　戴进贤立法《黄道总星图》铜版画

（英国国家海事博物馆藏）

乾隆皇帝也十分钟爱铜版画，为了纪念自己及前线将士在“西北战争”中的功绩，他于乾隆二十九年（1764年）下令郎世宁、王致诚、艾启蒙、安德义四位宫中西洋画师绘制《平定准噶尔回部得胜图》铜版画画稿（图8.15）。由于当时清宫的铜版印刷技术不如西方，乾隆通过当时广东十三行为其物色擅长制作铜版画的国家，并最终选择了法国。广东十三行与法属东印度公司签订契约，约定将第一批四幅图制成铜版，各印200张，并连同底稿和铜版原版送回中国，其余12幅也随后分批送往法国。这16幅得胜图中《格登山斫营图》和《黑水围解战图》两幅由郎世宁起稿，通过写实透视的刻画技法，糅合中西技艺，彰显出乾隆皇帝的赫赫武功，充分体现了西北战役中，清军将士以寡击众、以少胜多的战斗精神。

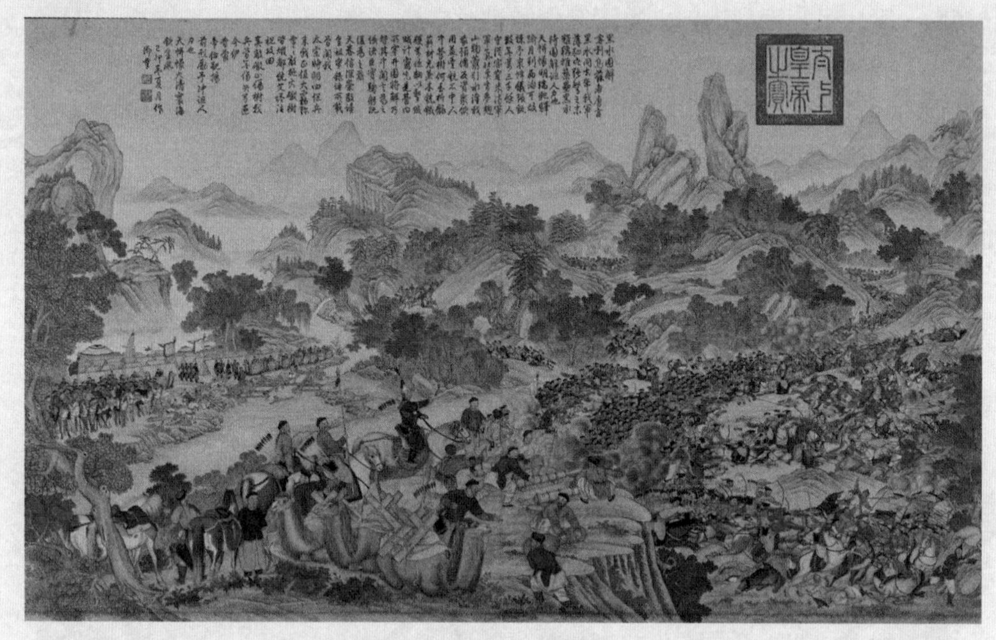

图8.15　郎世宁绘《平定准噶尔回部得胜图》“黑水围解战图”画稿

图稿抵达法国后成为当时法国举国关切的事件，最终由法国皇家艺术院委托当时最顶尖的版画家柯钦（Chales Nicolas Cochin，1715~1790年）等8位技艺娴熟的铜版镌刻家承担这项任务。这些铜版画从雕工到调墨、选纸到印刷都是一丝不苟，前后耗费13年，花费约204000里拉（法国旧币制，一里拉约为一两白银），才最终完成，直到乾隆四十二年（1777年）整套16幅铜版画才全部运回中国（图8.16）。通过这批铜版画，乾隆将自己的战功传播至西方，西方先进的铜版技术也再次被引入中国。虽然得胜图铜版画中的透视和阴影采用了西方艺术手法，但战争场景和画面布局却遵循着中国传统，中西艺术的相互融合在此展露无遗。

图8.16 《平定准噶尔回部得胜图》“黑水围解战图”铜版画

（德国柏林国立普鲁士文化基金会图书馆藏）

三、铜与钟乐

中国古代将乐器分为金、石、丝、竹、匏、革、土、木，称为“八音”，“八音”之首的金，主要就是青铜乐器。青铜乐器在古人生活中扮演了重要作用，如宴饮娱乐时，铙、钟等就是古代不可或缺的乐器。钲、錞于等则在血雨腥风的战场中发挥着鼓舞士气的作用。演奏形式上，青铜乐器基本上都是打击乐器，既可以独奏，也可编排成组演奏。

1. 铜钟的发展及特点

目前已知最早的铜制乐器是山西襄汾陶寺遗址出土的铜铃（也有认为是作为礼器），陶寺铜铃含铜97.86%，为纯度很高的红铜制品，体表附有很清晰的纺织物纹痕迹，形制则为合瓦结构。主流的青铜乐器中，铙和钟是两个主要大类。铙又称执钟，盛行于商代，不但中原地区多有出土，江西、湖南、安徽等地区也出土有形制巨大、纹饰华丽的铙，它们有的是单件，有的以三件为一组（图8.17）。

图8.17 商晚期至西周早期的铙

周代人在使用铙的时候，将铙的甬部铸上环，并倒挂起来，便成为悬击乐器——钟。依据形制和悬挂方式的不同，钟一般分为甬钟、钮钟和镈钟。甬钟为柱状把手，悬挂后钟身倾斜（图8.18）；钮钟则为花片状把手，比甬钟形体较小，悬挂后钟身垂直（图8.19）；镈钟也简称镈，为平口，体形庞大，起着重音和节拍的作用。西周中期，为了追求更好的演奏效果，人们将频率不同的甬钟、钮钟、镈钟依大小次序编组悬挂在钟架上，形成合律与合奏音阶的编钟。到了春秋战国时期，编钟的发展已经相当成熟，出现了像曾侯乙编钟这样复杂又精致的编钟乐器。

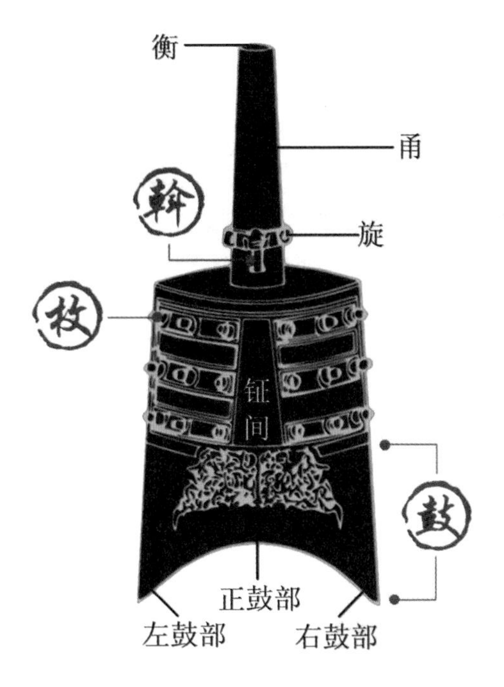

图8.18 “甬钟”示意图

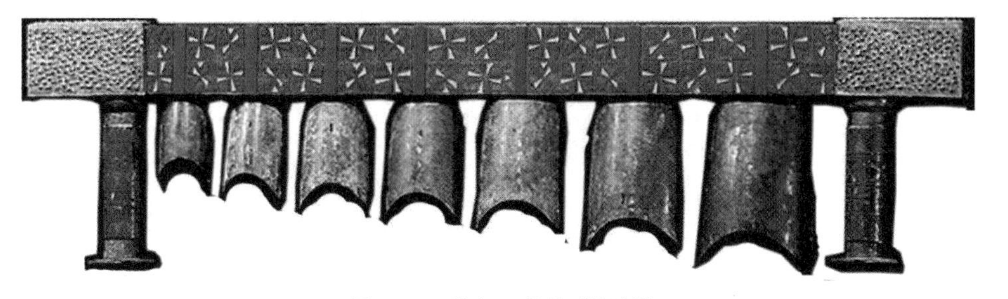

图8.19 曾侯乙编钟“钮钟”

曾侯乙编钟于1978年在湖北随州出土，墓主是战国早期曾国的国君。编钟由45件甬钟、19件钮钟及1件镈钟组成，是目前发现件数最多的古代青铜乐器(图8.20)。出土时，编钟完好无损，按大小和音序分成八组，分三层悬挂在铜木结构的曲尺形钟架上，此外还出土有用于撞钟的长木棒和用于敲钟的木槌，皆为髹漆彩绘。

曾侯乙编钟的钟体镌刻有错金篆体铭文，内容关于五声音阶名与八个变化音名，正面的钲间部位均刻“曾侯乙乍时”(图8.21)。其中的镈钟，体形硕大，其上铭文表明这件镈钟为曾侯乙下葬时楚惠王赠送的殉葬品，反映了曾国与楚国关系的密切。

图8.20　曾侯乙编钟

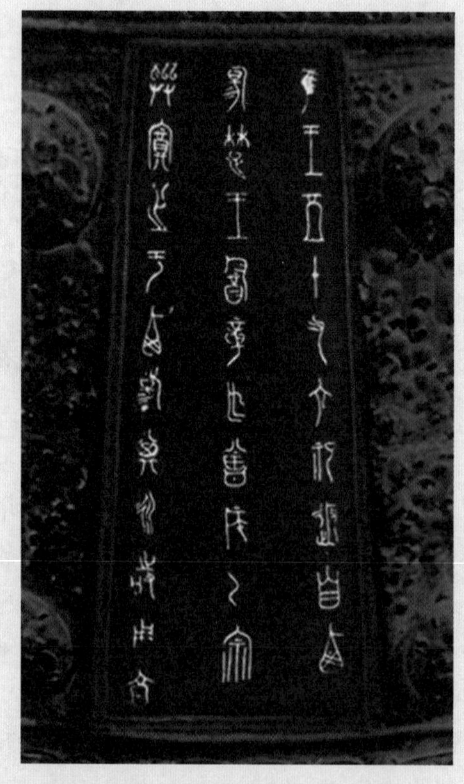

图8.21　曾侯乙编钟“镈钟”上的铭文

曾侯乙编钟的总音域达到5个八度，仅略次于现代钢琴。通过排列出大致相同的音列结构，形成3个重叠的声部，所以几乎能奏出完整的12个半音，可以奏出五声、六声或七声音阶的音乐。在演奏乐曲时，编钟需要三位乐工合力完成，一位乐工手执丁字形木槌，分别敲击中层三组编钟，奏出乐曲主旋律，另外两位乐工，执大木棒撞击下层的低音甬钟，以作为和声。

编钟的一个重要特征就是每个钟都能发出两个乐音，北宋沈括的《梦溪笔谈》就记载："古乐钟皆如合瓦，扁则声短，声短则节，声长则由。"其原理就是由于敲击合瓦钟时，其棱有阻尼作用，编钟就产生两类振动，形成打击不同部位的双音。曾侯乙编钟的出土，表明中国在两千多年前就能铸造出音律如此准确、形制如此优美的青铜乐器，不论是在音乐方面，还是青铜铸造方面都取得了重大成就。

与可以发出多个音的合瓦形编钟不同，还有一类只能发出一个音的正圆口钟，这类钟通常被称为"梵钟"，它包括佛钟、朝钟、道钟。这类钟虽然不是作为乐器使用，但常用于报时或预警等，也是古代常见的一类钟。

2. 铜钟的工艺

编钟音质纯正和谐，为了保证其音色，不管其钟体形制如何繁复多变，通常都是采用浑铸法，为了保证质量，一般也不用分铸或焊接。在铸造过程中，甬钟、钮钟和镈钟三者相比，钮钟结构相对简单，甬钟的形制最复杂，对铸造要求也最高，镈钟则为平口，兼采甬钟、钮钟的铸法。

山西侯马铸铜遗址曾出土不少编钟的局部范块以及组装模的残范块（图8.22）。其铸造过程大致是先制钟模，并画线刻铭，钟体各部分的纹饰则分别使用分范及印模成形。然后制作甬芯和钟体芯以及制作组装模，在组装模上分别刻画出甬、舞纹、钲、枚、篆纹、鼓纹、钲段的纵横边框纹轮廓线，为顺利组装各范块提供依据。组合钟范时，各范和芯制成后需干燥，使其具有一定的强度，以保证受压后不变形。组装模上的大块范，范及芯上都有定位用的范芯座、榫卯、浇冒口及芯撑，再将大块范及范芯套合组成编钟整体范，外面用草拌泥加固和阴干。编钟泥范经过烘烤冷却后，根据编钟材质准备青铜合金，最后进行熔炼和浇注。

编钟的性能与其材质关系十分密切，不同遗址出土的编钟材质有所不同。对曾侯乙编钟中的4件甬钟和3件钮钟成分分析表明，其材质为锡青铜，含铜77.54%～85.08%，含锡12.4%～14.46%，含铅0.8%～3.19%。以上这7件检测样品中，有6件铅含量小于2%。另外，宝鸡和新郑出土的编钟与曾侯乙编钟的成分差异较大，前者含锡和含铅较少，后者含铅较多。

梵钟的铸造方法则有泥范法、失蜡法和搬砂法三种。目前发现的大多数梵钟采用传统泥范铸造法，只有少数梵钟采用失蜡法，另有部分梵钟是组合采用了泥范法和失蜡法。相对而言，泥范铸造法生产周期长，泥范透气性不如砂型。失蜡法生产的钟表面光洁、无分范块对接痕迹，但造价高，且工序繁琐。搬砂法则价格低廉，方法简便，容易操作，但钟表面往往比较粗糙。

图8.22　侯马白店遗址钟体陶范

（源自《侯马白店铸铜遗址》）

明代宋应星《天工开物·冶铸》中有关于失蜡法铸钟的记载：

凡造万钧钟与铸鼎法同。掘坑深丈几尺，燥筑其中如房舍，埏泥作模骨。其模骨用石灰、三合土筑，不使有丝毫隙拆。干燥之后，以牛油、黄蜡附其上数寸。油蜡分两，油居什八，蜡居什二。其上高蔽抵晴雨，夏日不可为，油不冻结，油蜡墁定，然后雕镂书文、物象，丝发成就，然后舂筛绝细土与炭末为泥，涂墁以渐而加厚至数寸。使其内外透体干坚，外施火力炙化其中油蜡，从口上孔隙熔流净尽。则其中空处，即钟鼎托体之区也。凡油蜡一斤虚位，填铜十斤。塑油时尽油十斤，则备铜百斤以俟之。

另外，《天工开物》还记载了用泥范铸造钟的方法（图8.23）：

凡铁钟模不重贵油蜡者，先埏土作外模，剖破两边形，或为两截，以子口串合，翻制书文于其上。内模缩小尺寸，空其中体，精算而就。外模刻文后，以中油滑文，使他日器无粘，然后盖上，混合其缝而受铸焉。

图8.23　《天工开物》塑钟模图

（武进涉园据日本明和八年刊本）

总的来说，泥范法铸钟依据钟的外观特征，采用不同的分范方式，例如铸于唐贞观三年（629年）陕西富县宝室寺的铜钟，就采用分块泥范拼合浇铸，钟身分成4段，一共由24块泥范组成。泥范法铸钟一般经过制作模、范、内芯以及合范等步骤。先根据钟的大小形状做一个钟的泥模，然后用泥拍成平板，按在泥模外部，采用纵向或横向的分范方法，各范片之间由榫眼相接，这样就制成了钟的外范。外范制成后，再将泥模表面刮去厚度为钟壁的一层，形成内芯。然后将外范和内芯组合一起，外面埏泥固定，最后进行浇注。

失蜡法铸钟，蜡模材料的配制和壳型面料的选择是关键，以此保证蜡模不变形和器物的表面光洁度。一般步骤是先要做内范为芯模，然后在内范上制作蜡模，并雕刻花纹和制出浇注系统。在蜡模上做外壳后，焙烧加热去除蜡模，浇注留出的钟体空腔。失蜡法大多用于梵钟上蒲牢的铸造，只有很少的梵钟完全使用失蜡法，如北京大钟寺古钟博物馆所藏清乾隆时期铸铜钟就使用的是失蜡法，是难得一见的失蜡法制作精品。

材料方面，梵钟大多为锡青铜，含锡量在16%左右，少数梵钟使用黄铜铸造。另外，生铁也是常用的材料，但由于其耐腐蚀能力以及音色都不如铜，所以《天工开物》中记载有："凡铸钟，高者铜质，下者铁质。"

参 考 文 献

[1] 韩汝玢,柯俊.中国科学技术史:矿冶卷[M].北京:科学出版社,2007.

[2] 赵匡华,周嘉华.中国科学技术史:化学卷[M].北京:科学出版社,1998.

[3] 郭书春,李家明.中国科学技术史:辞典卷[M].北京:科学出版社,2011.

[4] 金秋鹏.中国科学技术史:图录卷[M].北京:科学出版社,2008.

[5] 华觉明.中国古代金属技术:铜和铁造就的文明[M].郑州:大象出版社,1999.

[6] 泰利柯特(TYIECOTE R F).世界冶金发展史[M].华觉明,译.北京:科学技术文献出版社,1985.

[7] 何堂坤.中国古代金属冶炼和加工工程技术史[M].太原:山西教育出版社,2009.

[8] 李进尧,吴晓煜,卢本珊.中国古代金属矿和煤矿开采工程技术史[M].太原:山西教育出版社,2007.

[9] 李学勤.青铜器入门[M].北京:商务印书馆,2013.

[10] 中国科学院自然科学史研究所,中国科学院传统工艺与文物科技研究中心.鉴古证今:传统工艺与科技考古文萃[M].合肥:安徽科学技术出版社,2014.

[11] 苏荣誉.中国上古金属技术[M].济南:山东科学技术出版社,1995.

[12] 苏荣誉.磨戟:苏荣誉自选集[M].上海:上海人民出版社,2012.

[13] 关晓武.探源溯流:青铜编钟谱写的历史[M].郑州:大象出版社,2013.

[14] 李晓岑.中国铅同位素考古[M].昆明:云南科学技术出版社,2000.

[15] 金正耀.中国铅同位素考古[M].合肥:中国科学技术大学出版社,2008.

[16] 崔剑锋,吴小红.铅同位素考古研究:以中国云南和越南出土青铜器为例[M].北京:文物出版社,2008.

[17] 刘诗中.中国先秦铜矿[M].南昌:江西人民出版社,2003.

[18] 刘诗中.中国青铜时代采冶铸工艺[M].南昌:江西科学技术出版社,1997.

[19] 张柏春.明清测天仪器之欧化:十七、十八世纪传入中国的欧洲天文仪器技术及其历史地位[M].沈阳:辽宁教育出版社,2000.
[20] 曹淑琴,殷玮璋.中国史话:青铜器史话[M].北京:社会科学文献出版社,2012.
[21] 唐际根.中国史话:矿冶史话[M].北京:社会科学文献出版社,2011.
[22] 李先登.商周青铜文化[M].北京:商务印书馆,1997.
[23] 姜振寰.技术史理论与传统工艺:技术史论坛[M].北京:中国科学技术出版社,2012.
[24] 潜伟.新疆哈密地区史前时期铜器及其与邻近地区文化的关系[M].北京:知识产权出版社,2006.
[25] 中国科学院自然科学史研究所.中国古代重要科技发明创造[M].北京:科学普及出版社,2016.
[26] 中国大百科全书总编辑委员会.中国大百科全书:矿冶[M].北京:中国大百科全书出版社,2002.
[27] 河北省博物馆编.盘龙城:长江中游的青铜文明[M].北京:文物出版社,2007.
[28] 黄石市博物馆编.铜绿山古矿冶遗址[M].北京:文物出版社,1999.
[29] 江西省文物考古研究所,瑞昌博物馆.铜岭古铜矿遗址发现与研究[M].南昌:江西科学技术出版社,1997.
[30] 山西省考古研究所.侯马白店铸铜遗址[M].北京:科学出版社,2012.
[31] 安徽省文物局,安徽省文物考古研究所.建国60周年安徽重要考古成果展专辑图录:上[M].北京:文物出版社,2014.
[33] 安徽大学,安徽省文物考古研究所.皖南商周青铜器[M].北京:文物出版社,2006.
[34] 政协大冶市委员会编.图说铜绿山古铜矿[M].北京:中国文史出版社,2011.
[35] 王巍.中国考古学大辞典[M].上海:上海辞书出版社,2014.
[36] 李京华.冶金考古[M].北京:文物出版社,2007.
[37] 裘士京.江南铜研究:中国古代青铜铜源的探索[M].合肥:黄山书社,2004.
[38] 夏湘蓉.中国古代矿业开发史[M].北京:地质出版社,1980.
[39] 胡新生.独领风骚:黄石文博50年研究成果[M].武汉:武汉大学出版社,

2008.

[40] 田长浒.中国铸造技术史:古代卷[M].北京:航空工业出版社,1995.

[41] 吴来明.雄奇宝器:古代青铜铸造术[M].北京:文物出版社,2008.

[42] 张增祺.云南冶金史[M].昆明:云南美术出版社,2000.

[43] 张增祺.滇国青铜艺术[M].昆明:云南美术出版社; 昆明:云南人民出版社,2000.

[44] 河南博物院.河南文物故事青铜篇[M].郑州:海燕出版社,2009.

[45] 万全文.长江文明之旅长江流域的青铜冶铸[M].武汉:长江出版社,2015.

[46] 曹玲玲.中国文物小丛书青铜器[M].兰州:甘肃文化出版社,2014.

[47] 刘煜,岳占伟,何毓灵,等.殷墟出土青铜礼器铸型的制作工艺[J].考古,2008,12:80-90.

[48] 梅建军.揭开商周铜料来源之谜铜绿山古铜矿[J].中华遗产,2009,11:106-113.

[49] 李延祥.苏美尔铜料来源之谜[J].金属世界,1995,5:26-27.

[50] 韩琦.西方铜版印刷术的传入及其影响[J].印刷科技:台,1991,7(6):21-29.

[51] 黄超.清末民国时期的中国镍白铜述略[J]. 兰台世界,2015,461(3):116-117.

[52] 潜伟,孙淑云.中国西北地区古代砷铜的研究[C].冶金工程科学论坛,2004.

[53] 潜伟,孙淑云,韩汝玢.古代砷铜研究综述[J].文物保护与考古科学,2000(2):43-50.